城市河流生态修复与治理技术研究

舒乔生　侯　新　石喜梅　孙　华　马焕春　等著

黄河水利出版社
·郑州·

内容提要

本书主要内容包括城市河流及其生态系统、国内外河流生态修复研究及实践、城市河流污染源头阻控技术、城市河岸带生态治理技术、城市河流水质理化恢复技术、城市河流水体生物修复技术、城市河流生态调控与管理等。

本书可供城市水务、水利水电、生态环境等相关专业管理人员、设计人员、工程人员、科研人员参考借鉴,也可作为相关院校师生辅助学习参考用书。

图书在版编目(CIP)数据

城市河流生态修复与治理技术研究/舒乔生等著.—郑州:黄河水利出版社,2021.2

ISBN 978-7-5509-2938-8

Ⅰ.①城… Ⅱ.①舒… Ⅲ.①城市-河流-生态恢复-研究②城市-河流-生态环境-环境治理-研究 Ⅳ.①X522

中国版本图书馆 CIP 数据核字(2021)第 051599 号

组稿编辑:王路平 电话:0371-66022212 E-mail:hhslwlp@163.com

出 版 社:黄河水利出版社 网址:www.yrcp.com

地址:河南省郑州市顺河路黄委会综合楼 14 层 邮政编码:450003

发行单位:黄河水利出版社

发行部电话:0371-66026940、66020550、66028024、66022620(传真)

E-mail:hhslcbs@126.com

承印单位:河南新华印刷集团有限公司

开本:890 mm×1 240 mm 1/32

印张:6.125

字数:180 千字

版次:2021 年 2 月第 1 版 印次:2021 年 2 月第 1 次印刷

定价:40.00 元

前　言

本书依据城市化与河流生态的关系,在梳理国内外城市河流生态修复和生态治理技术的基础上,详细介绍了城市河流污染源头阻控、河岸带生态治理、河流水质理化恢复、水体生物修复、生态调控与管理等生态治理关键技术,并以重庆市典型城市河流为对象进行试验研究,运用生态学、水利科学和环境工程学等方法,重点分析水域生境重构及恢复、立体生物操纵技术、生态系统管理与调控技术的生态治理可行性,探讨比较了不同技术的生态治理效益。

本书共分7章,第1章全面介绍了城市河流生态系统、城市化对河流生态的影响;第2章分析了国内外河流生态修复研究进展情况,并介绍研究对象——巴川河及淮远河重庆铜梁城区段的基本概况;第3章介绍了城市污染海绵吸蓄、污水管网截排和溢流污水阻控等城市河流污染源头阻控技术;第4章介绍了散源污染河岸带阻控、生态滤岸、生态护岸、河岸植被恢复等城市河岸带生态治理技术;第5章介绍了河流曝气复氧、生物制剂净化、河流综合控藻、河流生态调水等城市河流水质理化恢复技术;第6章介绍了微生物投放、水生植物修复、生态浮岛、水体生物操纵等城市河流水体生物修复技术;第7章重点介绍了城市河流生态调控与管理等方面的技术和理念。在介绍每类技术的同时,结合部分试验研究,分析其在重庆典型城市河流的应用及其效益情况。

本书撰写人员及撰写分工如下:第1、2章由舒乔生、侯新、孙华撰写;第3、4章由侯新、舒乔生、石喜梅撰写;第5章由侯新、马焕春、熊鹰撰写;第6章由舒乔生、石喜梅、孙华撰写;第7章由侯新、石喜梅、孙华撰写。

本书研究成果由重庆市教委科学技术研究重点项目(KJQN201803811)、“水资源与生态保护重庆市高职院校应用技术推广中心”建设项目、重庆市教委科学技术研究项目(KJQN201903808)、重庆水利电力职业技术学院高层次人才科研基金项目(KRC201801)联合资助。

作者在完成本书的过程中参考了有关文献资料,也曾得到许多专家、学者和同行的帮助,在此一并表示感谢!

由于作者水平有限,书中难免有疏漏或错误之处,恳请广大读者批评指正。

作 者

2020 年 10 月

目　录

第 1 章　城市河流及其生态系统

1.1　河流与城市河流

河流是指由一定区域内地表水和地下水补给，经常或间歇地沿着狭长凹地流动的水流。作为地球生命的重要组成部分，河流是水资源及水文循环的重要路径和载体，也是泥沙、盐类和化学元素等进入湖泊、海洋的通道；它不但具有行洪及维护生态环境的功能，也是人类及众多生物赖以生存的基础和人类文明的摇篮。人类诞生伊始濒水而居，近水而种。

根据河流流经的地貌分为山地河流、平原河流和城市河流。

1.1.1　山地河流

山地河流(也称山区河流)一般河谷狭窄，横断面多呈 V 形或 U 形，两岸山嘴突出，岸线犬牙交错，很不规则；河道纵向坡度大、水流急，常形成许多深潭；河岸两侧形成数级阶地。Bathurst 认为河床由粗颗粒泥沙组成、河床坡降在 0.5%～5%、水深与底质代表颗粒粒径之比在 10 以下的河流属于山地河流；Lewin 将坡降大于 1%、河床底质颗粒较粗、具有阶梯深潭形态特征的河流定义为山地河流；国内一般将流经地势高峻、地形复杂的山地和高原的河流称为山地河流；也有部分学者认为丘陵地区的河流也可以划入山地河流。由于自然地理、地质地貌和气候条件的不同，山地河流的形成过程及演变规律各具特点。一般认为山地河流具有以下特征。

1.1.1.1　水文特征

山地河流流经地区坡面陡峻，径流系数大，汇流时间短，再加上山区气温变化大，常出现暴雨天气，因此洪水的猛涨猛落是山地河流的重要水文特点。受气候条件和地形影响,山地河流流量和水位变幅极大;中水历时不长,有雨即成洪水,无雨则流量很小;水流状态也十分紊乱,常有回流、水泡、漩涡、跌水、水跃、剪刀水、横流等流态出现。

1.1.1.2 泥沙特征

山地河流河床多由原生基岩、漂粒、卵石组成。卵石河床一般在水流强弱适中、持续时间较长、河床发生冲刷之处呈鱼鳞状排列;在水流较弱河床发生淤积之处或水流突然急剧降低之处呈松散堆积状态。河床底质以推移质卵石和砾石为主,宽谷段有砂砾石,窄谷段为基岩;洪水期的悬移质不参加造床,悬沙为冲泻质随洪水下泄;河床上卵石和砾石间歇性运动,洪水期沿程滚动,枯水期停积。

1.1.1.3 形态特征

山地河流位于地壳抬升地区,河床总体的演变趋势以下切为主,因此河谷横断面一般呈 V 形或 U 形。除局部河段外,大多数河床的形变幅度很小,变形速度很慢;山地河流河漫滩一般不发育,两岸往往存在明显的阶地,支流汇入处有一级或多级冲积扇。河流总体走向比较平直,弯曲系数一般小于 1.3;河床纵剖面一般比较陡峭,形态极不规则,浅滩深潭上下交错,常出现台阶形地貌。

1.1.2 平原河流

平原河流一般指流经冲积平原地区的河流。大中型河流的中下游均流经冲积平原,地貌特征与山区河流不相同。

1.1.2.1 形态特征

平原河流河谷宽广,分布着广阔的河漫滩,中水位时水流集中在主槽中流动并形成一系列泥沙堆积体,平面形态具有一定规律,有顺直型、弯曲型、分岔型、游荡型等几种。平原河流纵剖面多呈下凹曲线,没有显著的台阶状变化,但有波状起伏。横断面形态在顺直河段多为对称抛物线形,弯曲河段多为不对称三角形,深槽在凹岸一侧,分岔河段和游荡河段则为复杂的 W 形。

1.1.2.2 水文泥沙特征

平原河流洪水涨落平缓,流量和水位变幅较小,有稳定的中水期,来沙量大致与来水量相应,推移质多为中、细沙,悬移质以沙、粉沙和黏土颗粒为主,较粗颗粒多为床沙质,较细颗粒属冲泻质。平原河流多处于平衡或准平衡状态,一般情况下无显著单向变形,但周期性的往复变形却非常活跃,有些河流冲淤速度和幅度都很大,特别是河床平面变形和河床中泥沙堆积体的运动变化十分剧烈。

1.1.3 城市河流

城市河流特指流经城区的河段,包括历史上人为开凿、经多年演化具有自然河流特点的运河、渠系等。

1.1.3.1 城市河流服务人类的功能

自古以来,河流与城市的产生和发展息息相关,河流是人类城市文明的源泉和发祥地,人类文明与历史上的著名城市都是依靠江河湖泊诞生和发展的,河流为城市的形成与发展提供资源支持与环境基础,因此其健康发展是关系城市生存与发展的重要因素。

在远古时期,河流为人口聚集地提供稳定的水源与肥沃的土壤;在农耕文明时代,河流在提供灌溉用水的同时,还成为城市物资运输的交通通道;在近代工业化时期,河流是城市工业的水源地、动力基础、运输通道与排污场所;而在注重生态健康的当代社会,河流则关系到水源、生态、排污、景观、交通和经济等城市可持续发展的各个方面,成为城市发展最重要的因素及其载体。

据统计,中国 25.4%的城市临河而建,河流中下游地区大多是城市集中、经济相对发达的地区。七大江河的下游地区,集中了全国 1/2 的人口、1/3 的耕地和 1/3 以上的工农业产值;由河流入海口泥沙沉积形成的三角洲更是经济中心。因此,城市河流管理对城市的繁荣有着至关重要的意义。

随着城市河流健康理念的提出、经济的飞速发展、人们生活水平的大幅度提高,人们对河流的功能需求发生了变化,城市河流对于城市的作用是综合性、多层次的。城市河流的服务功能是指河流的城市段对城市可持续发展的作用,以及对人类社会的影响,其功能和影响分为物质和精神两个层面。物质层面包括人类获得各种河流治理的科学技术、修建水利工程项目以及由此带来的生活上的便利、生产上的资源和社会经济效益等;精神层面体现在河流为人类社会提供的文学艺术、审美观念、伦理道德、哲学思维、社风民俗和休闲娱乐等。

随着社会生产力的提高和科学技术的进步,人类对河流的开发力度越来越大、范围越来越广,河流在人类社会经济发展中的功能和作用也越来越大。与此同时,作为一种自然资源,河流自身健康是其发挥社会服务作用的必要条件。随着城市社会对城市河流的需求日益加大,城市河流的健康与否直接关系到其服务功能与服务质量。城市河流的服务功能分为以下几个方面。

1. 满足水资源需求

河流最初和首要的社会功能是为人类和动物提供饮用水。河流是地球最大的淡水资源,是人类最直接、最方便的水源地,为人类及各种动植物提供了基本的物质保障和生息场所;人类近水而居从而创造人类文明。因此,城市的起源离不开河流,城市布局也常分布于城市河流的两畔。世界上很多著名的政治、经济、文化中心都依河而建,如巴黎与塞纳河、埃及与尼罗河、伦敦与泰晤士河、布达佩斯与多瑙河、上海与长江等。河流提供的城市饮用水源是城市的生命线,是城市维持正常运转的基本保障。城市河流的健康状态不仅关系到城市人口的饮水安全,还决定着城市的可持续发展,随着人类社会工业化产业的扩大,工业需水成为城市需水的重要组成部分。多数工业企业临河建厂,在便于水源获取的同时,更便于工厂排污。因此,如果没有河流给城市提供的充足水源,城市发展、景观建设将举步维艰、停滞不前,城市工业需水供应不足,进而导致社会生产力与工业产值下降。

2. 交通运输功能

河流是天然的水上交通通道,具有重要的交通运输功能。人类可以通过河流提供的便利运输条件输送产品及原材料,还可以从内陆通向海洋。古代的交通工具相对落后,内河运输成为便捷运输的主要代表。与其他运输方式相比,内河运输具有费用低、高效、安全等优势,既可以同时运送大量货物,也可以使危险物品远离居民区,而且对环境的污染较小。河流运输作为运输旅客和货物的重要通道与交通工具,带动了河岸城市的快速发展，使得沿河城市的经济、文化空前繁荣。

3. 景观与文化功能

城市河流具有休闲娱乐和景观功能。城市河流水体与沿岸景观在时空上的动态结合，给人们带来视觉及精神上的享受和满足，在城市居民紧张、单调的生活环境中对居民无疑具有很大的吸引力，是城市居民休闲娱乐、亲水近水的好去处。城市河流的物质特性、形态特性、功能特性的介入，将提高城市景观的多样性，对城市居民的生存舒适度、城市的稳定性和可持续性均具有明显的促进作用。

河流的文化功能是河流对人类社会精神层面带来的印象、感觉和情趣，以及形成相应概念、观念上的影响。主要体现在以下几个方面：

一是河流是文学艺术作品的重要表现对象。河流以其自然美学和历史文化影响一代又一代的文学家、艺术家和音乐家，借河流抒发情感，进行艺术创作，从而产生了一个个不朽的以河流为背景文化的文学艺术作品。

二是河流影响人类社会的制度层面。河流的制度方面产生于人对水的管理和分配，后来又扩大到抵御水灾、兴修水利以及协调水与整个社会的关系；河流的制度层面绝不是简单的制度，而是一种制度文化。

三是河流启发人类哲学思考。河流的千回百转、奔流不息、一去不返和源源不断，这些极具哲学思源的特征使河流成为哲学思考的重要载体。加之与人类密切关系，河流与水成为最富有哲学意味的词汇。

四是河流成为国家或民族的象征及标志。河流早已远远超出物质层面，成为人类文明的精神图腾。河流的象征意义可以小到一个城市，大到一个国家或民族，河流百折不挠、连绵不绝的特性是国家精神和民族精神最好的文明塑造。

4. 维持生态环境功能

城市河流作为城市系统中一种重要的自然地理要素，人们逐步关注河流的生态建设，其生态功能的应用也逐渐被引入到生态城市建设中。

一是城市河流具有栖息地功能。城市河流为植物、动物和人类的正常生命活动提供空间及要素，维护生命系统和生态结构的稳定平衡。

河流形态多样性是维持河流生物群落多样性的重要基础,城市河流多样化形态,为各类生物提供栖息繁衍的空间,是城市生物多样性存在的重要基地。因此,保护物种多样性,对维持城市生态系统的稳定和持续发展具有促进作用。

二是城市河流具有通道功能。河流作为能量、物质和生物流动的通路,为收集、转运河水和沉积物服务,实现城市水循环及相关的物质能量流动。

三是城市河流具有调节水量和气候功能。城市河流系统由于两岸植被及土壤的调蓄作用,当降雨发生时可以吸纳一定数量的雨洪,然后逐渐释放出来,流入河流或渗入地下含水层,对缓解城市旱涝灾害有一定的积极作用。城市河流水的高热容性和流通性,对城市热岛效应的缓解起到重要的作用,城市夏天温度剧烈升高、冬天剧烈降低的幅度将在城市水体的调节下变得温和。城市河流与空气、阳光、土地等自然要素在空间上的紧密结合,成为城市人类和其他生物维持生存不可或缺的因素。

四是城市河流具有自净和屏障功能。城市河道中流动的水体具有较好的自净能力,河道中的水生植物可以吸收、分解和利用水域中的氮、磷等营养物质以及细菌、病毒,并且可富集金属及有毒物质,对排入河流污染物质起到过滤和屏障的作用。水体中的各种有机和无机溶解物、悬浮物被截留,有毒物质被转化,防止物质的过分积累所形成的污染,从而清洁水体,所以河道是有自净能力的。

城市污染物在经过简单的处理直接排入当地水体,河流通过自然稀释、扩散、沉淀、氧化以及受微生物的作用而分解等一系列物理和生物化学反应,对排入河流的废弃污染物进行有效的解毒和分解,使河流水体基本上或完全恢复到原来的自然水质状态,这个过程称为河流的纳污净化功能。在河流的水环境容量之内,河流有能力净化水体、消化污染,一旦超越了这个限度,河流的健康就会受到威胁,污染物不能被净化,导致河流长期受到污染,逐渐失去部分功能。所以,河流的自净功能是有限的,为了河流的健康及其社会功能的实现,应该严格控制城市排污,做好城市生活、生产污染的生态化处理。

5. 发电功能

随着近代科学技术的发展,河流的发电功能得到了开发利用。有些城市河流的上游段建有水库等水利设施,在满足防洪、排涝、蓄水和灌溉等需求的同时,也具备大型水利枢纽的发电功能。水利发电具有无燃料、零排放、低成本、效率高和易调节等优势,因此水电资源通常被认为是一种清洁的可再生自然能源。水能资源在向城市提供电力的同时,间接地维护城市生态环境。

1.1.3.2　人类对城市河流的干扰

城市河流生态系统具有自然属性和社会属性两方面的特征。在营养结构方面,自然属性的生产者、消费者和分解者主要是水体中的动植物和微生物,在无人为干扰的环境中,可实现正常的物质循环。但由于人类的参与,城市河流生态系统增加了社会属性的生产者,包括排入的城市污水、暴雨雨水及固体废弃物堆放等产生的有机营养物,加上城市居民生活用水、工业生产用水及城市市政综合用水等对水的消费。进入河流生态系统的大量物质无法完全靠水体中的自然分解者进行分解,因此需要人类加强废污水及固体废物的治理,减轻社会生产者给城市河流生态系统带来的压力。与自然河流相比,城市河流具有以下明显的人工干扰特点。

1. 水量干扰

城市河流作为生产和生活的就近水源,为了满足城市供水和景观用水,人们不断地从城市河流中取水,使得河流水量越来越少,不能满足其基本的生态需水量,即不能满足水生生物及其岸边植被的生存和生长,从而影响人们的生产和生活。因此,天然河流可依靠上游和沿途汇集的天然来水满足需水要求,而城市河流由于人工控制设施众多,大部分靠人工引水满足生态环境需水要求。

2. 河道干扰

为防止城市洪涝灾害,人们对城市河流加筑硬质堤岸,使城市河流被人为渠道化,硬质护堤隔断了河道与河岸,原有河道—河岸系统变为独立河道、河岸。因此,人工河堤岸边的植被基本上为人工种植,水生生物和岸边植被的物种数也有所下降。

3. 水质干扰

随着城市化步伐的加快,河流两岸土地被开发利用,大量工业、生活污水不经处理直接入河,造成河水污染、水质恶化,河流生态系统遭到破坏。目前,全国70%以上的城市河流受到污染,大江大河城市段很难达到Ⅲ类水标准。河流污染使鱼虾生物逐步减少,而代之适应污染的各类底栖微小生物类群,导致河流生物多样性下降,特别是一些对人类有益的或有潜在价值的物种消失。城市河流的污染源基本是农田面源污染、居民生活污水、生活垃圾和工业废水。

1.2 河流生态系统

生态系统具有一定组成、结构和功能,是自然界的基本结构单元。生态系统是生物群落和生活环境的综合体,生物与环境之间相互作用、相互制约、不断演变,并在一定时期内处于相对稳定的动态平衡状态。河流生态系统是河流内生物群落与河流环境相互作用的统一体,是一个复杂、开放、动态、非平衡和非线性系统,是陆地和海洋联系的纽带,也是维持生物圈物质循环和能量流动的重要组成成分。

河流生态系统包括陆地河岸生态系统、水生态系统、相关湿地及沼泽生态系统在内的一系列子系统,是一个复合生态系统,具有栖息地功能、过滤作用、屏蔽作用、通道作用、源汇功能。

1.2.1 生态系统结构

河流生态系统始终处于动态变化的过程中,由生物和生境两部分组成。其中,生物是河流的生命系统,生境是河流生物的生命支持系统,两者之间相互影响、相互制约,形成了特殊的时间、空间和营养结构,具备了物种流、能量流、物质流和信息流等生态系统服务与功能。

生境由能源、气候、基质、介质、物质代谢原料等因素组成,其中能源包括太阳能、水能,气候包括光、温、水、风等,基质包括岩石、土壤及河床地质、地貌,介质包括水、空气,物质代谢原料包括参加物质循环的无机物质(碳、氮、磷、二氧化碳、水等)以及联系生物和非生物的有机化合物(蛋白质、脂肪、碳水化合物、腐殖质等);生物部分由生产者、消费者和分解者所组成。

河流中栖息着很多生物类群,分别担当生产者、消费者、分解者,构成了河流的生物群落。

(1)生产者:主要指植物,包括大型植物,如挺水植物、浮叶植物、漂浮植物和沉水植物、浮游植物和附着植物。

(2)消费者:指河流中的动物,属异养生物,包括浮游动物、底栖动物和游泳动物。

(3)分解者:包括细菌和真菌等。它们生长在河流中任何地方,包括水流、河床底泥、石头和植物表面。细菌和真菌在河流中将死亡的生物体进行分解,维持自然界的物质循环。

一般认为食物"网、链"越简单,生态系统就越脆弱。河流生态系统的食物"网、链"较简单,因而易受到破坏。

1.2.2　生态系统功能

生态系统的基本功能就是物种迁移、能量流动和物质循环。各功能之间相互联系、紧密结合才能使生态系统得以生存和发展。

物种流是指种群在生态系统内或系统之间的时空变化状态。生态系统的生物生产是指生物有机体在能量和物质代谢的过程中,将能量、物质重新组合,形成新的产物——碳水化合物、脂肪、蛋白质等的过程。

生态系统的能量流动是单一方向的,能量以光能状态进入生态系统,以热的形式不断逸散到环境中。能量在生态系统内流动的过程中不断递减,在流动中贮能效率逐渐提高。

生态系统中的物质主要指生物维持生命活动正常进行所必需的各种营养元素,包括近30种化学元素,主要是碳、氢、氧、氮和磷五种,构成全部原生质的97%以上。物质循环是指生物圈里的物质在生物、物理和化学作用下发生的转化和变化。

1.2.3　生态系统特点

河流生态系统的演进是一个动态过程,不同因子产生动态变化的时间是不同的,如地貌和气候变化,其时间尺度往往是数千年到数百万年;河流的演进变化,也至少有数千年的历史。总的来说,河流生态系统主要具有以下特点:

(1)纵向成带现象,物种的纵向替换并不是均匀的连续变化,特殊种群可以在整个河流中出现。

(2)生物具有适应急流生境的特殊形态结构。表现为浮游生物较少,底栖生物多具有体形扁平、呈流线性等形态或吸盘结构,适应性强的鱼类和微生物丰富。

(3)与其他生态系统相互制约关系复杂。一方面表现为气候、植被以及人为干扰强度等对河流生态系统有较大影响,另一方面表现为河流生态系统明显影响沿海生态系统的形成和演化。

(4)自净能力强、受干扰后恢复速度较快。健康河流生态系统的生物群落主要包括浮游和游动生物群、附着生物群、水陆交错带生物群和底栖生物群四大类。浮游和游动生物群是指流动水中浮游或游动的生物,浮游植物只有当其生长速度达到在水流滞留时体量能成倍增长的程度,才能保持它的群体。浮游和游动生物群对河流的水文条件如流速、水温和河床侵蚀等变化以及进入河流的有毒物质十分敏感。附着植物是一种显微型植物,通常出现于岩石、砂粒和淤泥的表面,一些藻类附着在高等植物的茎、枝、叶表面生长,不易脱离被附着物。水中的附着生物还包括许多菌类和微型动物,它们附着在岩石、砂粒、淤泥和水生植物的表面,起着不断净化水中污染物质的作用。

水陆交错带中生存的生物主要有挺水植物、两栖类动物等。河流中挺水植物的组成和茂密程度通常比较稳定,但是存在着明显的季节变化;挺水植物从河流中汲取营养盐,也为细小的无脊椎动物提供了生境,并成为鱼类的产卵索饵场所。底栖生物群主要包括底栖动物和底栖植物。正是生物群落与非生物条件的共同作用才使河流具有较大的环境容量,并具有显著的自净能力。

1.3　城市化对河流生态的影响

自工业文明以来，城市人口的迅速增长，工农业生产的发展，生产生活用水量激增，使人长期与河争地、与河争水，而且人类在消耗大量水资源的同时，又产出了大量的废污水，完全不顾水资源承载能力和水环境承载能力，严重威胁着城市的河流健康，人类以前所未有的速度改变了河流生态系统。根据2005年国际生态多样性大会发布的信息，世界大约41%的人口聚居于河流两岸，同时受到水资源短缺和污染的困扰；一些城市发展影响河流健康状态，其根本原因在于人类活动干扰了河流自身的发展空间。由于人类的控制，世界上绝大多数河流及其发展空间都受到了严重的约束，尤其是对城市段河流的改造和束缚最为严重，从而加剧了这些河流的生态恶化。

欧洲、美国和日本等地，自20世纪初就已认识到河流生态环境面临的诸多问题，积极开展相关研究与实践活动。20世纪70年代以来，一些发达国家的科技界和工程界针对水利工程对河流生态系统产生的负面影响，提出了如何进行补偿的问题，在此基础上产生了河流生态修复的理论与工程实践。20世纪90年代，水生态与水环境问题已经成为世界水论坛会议、国际大坝会议、国际水利学会议等一系列国际学术会议的核心议题，这些会议有力地促进了水生态与水环境科学在全球的交流与发展。

关于城市化对城市河流影响的研究开展得较多，研究内容涉及城市化对河流形态、水文情势、水质和生物等多指标的影响。如Booth和Jackson的研究表明，城市硬覆盖增加导致大部分暴雨急速聚集成为地表径流，且无法变成地下径流，致使城市河流水文情势发生改变。产流过程的巨大变化对物理栖息地有很大的影响，如水力条件单一、洪水峰值增加和基流减少。Paul和Lenat等的研究表明，城市河流受城市化影响的另一个特点是水质变差，尤其当含有悬浮固体、有毒物（如重金属）、碳水化合物、营养物和细菌等垃圾的污水汇入时，将严重减少河流无脊椎动物群落的存在。岸边带缺失及河床和堤岸被硬质化后，水生生物在高流量时缺乏避难所。研究表明,敏感物种(蜉蝣目 Ephemeropera、襀翅目 Plecoptera、毛翅目 Trichoptera,简称 EPT)的丰度较小,增加了耐污物种(寡毛纲 Oligochaetes、摇蚊 Chironomids、蜗牛 Snails)的密度。

Soballe 和 Wasley 根据城市河流在城市中的重要地位,分析了城市化速度加快对城市河流的影响,指出"城市河流可以成为城市的宝贵财富",关键是如何解决城市河流面临的渠道化、岸线侵蚀、水体污染等问题,并提出了利用城市河流的方法,客观地评价了城市河流渠道化对于稳定河床和保护财产的重要作用。文中提到的行动方案,涉及内容包括如何改善进入河道的暴雨水质、最大限度地加强河流廊道的治理、稳定河床和保护生物栖息地等。

1.3.1 城市发展伴随人河关系转变

在人类历史进程中,随着人类认识和生产能力的提高,在不同的历史时期对河流的改造与开发利用的程度不同。人类社会发展与河流有着极为密切的关系。从早期最朴实的获取饮用水,到后来的农业文明、工业文明,以及其中伴随的城市文明的产生与发展,使人类与河流关系发生了转变。

在原始社会时期,人类生产力和认识有限,与河流处于一种被动的原始依存状态。人类因为饮用水的限制逐水而居,并在河流中获得简单而少量的水产品作为食物。当时人类的生产力水平没有能力改造河流,决定着人类的意识也不想改造河流。由于河流给人类群居地带来的灾难、恩惠和资源等,人类依靠而敬畏河流,敬畏而崇拜河流。

农耕文明的兴起,开始产生人类城郭的概念,大幅度提高的生产力水平支持更多的生活和农业需求,人类开始兴建一些水利设施与工程,对河流、洪水有了一定的掌控能力。但人类改变河流的能力依旧非常有限,因此人类仍然认为河流具有主宰作用,在相当程度上保持河流的生态平衡。这段时期河流对城市发展起着重大的作用,古代城市文明从此兴起。

进入近代工业社会,人口的急剧增加和生产力水平的大跨度提高,使得工农业都开始迅猛发展,人类对河流的改造欲望愈加强烈,开始大规模开发、改造和利用河流,如农业耕地面积与工业发展规模的扩张,导致大规模建设水库和堤防,因此大量消耗水资源。与此同时,大中型城市生活、工业的大肆排污,对河流水质造成了不可逆转的危害,破坏了河流自然生态系统,威胁河流的生命与健康。人定胜天理念影响下人类改造河流的行为,误认为人类是河流的主宰,河流是为人类服务的,忽视河流的自然功能、价值与作用。人类对利益的盲目追求,导致对河流的过度开发利用、无节制破坏,从此人类与河流处于对立状态。

随着现代社会人类生存状况的岌岌可危与生态意识的觉醒,人类开始反思对河流的错误行为,并在意识上和行动上弥补自己的过失,开展河流的生态保护与生态文明建设,最大程度地恢复河流的自然面貌,逐渐成为人类保护河流的根本理念与目标。如流经欧洲很多国家的莱茵河,从工业化时期的严重污染到现在的清澈明亮,生态系统进入良性循环,就是一个很好的河流保护与生态修复的案例。人类逐渐走向与河流和谐共存,城市与河流和谐发展,人与河流平等相待。

1.3.2　城市化对河流结构的影响

河流具有时间、垂直(河川径流—地下水)、纵向(上游—下游)和横向(河床—泛洪平原)四维结构,城市化从不同方面对河流结构进行了改变,从而影响其四维结构的变化,导致河流生态系统功能的损害,表现在如下三个方面:一是城市扩展造成的河流面积减小,特别是与河流相连接的湿地面积减小与泛洪平原消失;二是河流整治中构建的各种水利结构对河流本体结构的破坏;三是流域尺度上发生的景观结构、类型。

1.3.2.1　河流面积减小

城市化过程中土地需求不断增加,城市管理者和建筑者为了获得更多的空间,加大了对河流的利用和开发。河流空间被道路、市街、商业区、住宅区等挤占,特别是小型的自然溪沟被填埋,原河流持有的自然缓坡河岸带被硬化为垂直堤岸,造成河流面积减少,这是城市化过程中存在的主要问题之一,也是对河流系统影响最为严重的一个方面。

生态学家和社会学家对此持有不同的意见,是维护河流的连续统一重要还是维护社会的连续统一更重要?因此具有多目标的河流恢复和管理模式就成为城市河流管理的重要议题。

河流面积的减少还体现在与其相连的湿地、湖泊面积的减少。作为河流不可或缺的一部分,湿地在维系河流水文动态、排涝泄洪以及净化水质等方面发挥着重要作用,但是湿地面积随着城市化发展进程而大幅度降低。1990~2000 年这 10 年间,中国湿地资源减少约 5 万 km^2;2006 年北京市湿地总面积为 270.138 km^2,比 1996 年减少了 55.14%。湿地面积减少影响河流多个功能的发挥,河流失去了排涝泄洪维持水文的缓冲区,丧失了净化水体的清洁区以及维系生物多样性的生境,从而进一步造成河流退化。

1.3.2.2 河流本体结构变化

城市化使河流的本体结构发生了明显变化。人们为了获取更多的空间和更容易控制河流,构建了众多水利设施来维护河道稳定以及控制水文动态,原有的、自然的、不规则的河道变成具有规则形状的人工河道。这些工程设施包括河流护坡硬化、河道硬化和河坝工程几个方面,它们在保护社会经济方面发挥了作用,但却使河流原有生境丧失、生物多样性降低。据研究,太原汾河段改造后的野生维管植物物种数比改造前减少了 32 种,物种多样性指数显著降低;低频度的物种数明显增加而高频度的物种数明显减少,河流改造前后的群落相似性明显降低。究其原因主要是河段改造破坏了原有乡土种的生境条件,造成了部分物种消失。

河流水文的改变也会引起生物生理特性的变化,杨永清研究了不同水位对几种水生植物生长、干物质分配以及发育的影响,结果发现水位会引起植物在资源分配以及生殖策略的改变;而水分状态同样对空心莲子草的形态产生影响,形成旱生型、挺水型、漂浮型三种生活型状态。

自然河道通常具有透水性,通过向地下和两边河岸渗透进行水分、营养元素、能量等的自然运动和交流。硬质护岸的构建使得其对非点源污染的拦截与降解功能丧失殆尽,造成河流污染状况加重;从生态角度来看，硬质护岸隔绝了水域与陆域生态系统的联系，造成河流生态系统与非河流生态系统相互绝缘，致使河、湖生态系统孤立，不利于河流生态系统对水体自净能力的发挥和自然生态。综上所述，有些城市的人工河流基本上不具备天然河流的生态功能，只具有排水功能，成为不折不扣的静水、死水和污水。因此，在河流恢复过程中，各种近自然形态的工程、材料被逐渐广泛采用，这对于维持整个河流原有的生态功能起到了一定作用。

1.3.2.3　河流景观结构变化

在景观生态学中，河流作为廊道发挥着重要的生态功能（如通道、过滤、屏障、源汇作用等），与河流相关的各种景观要素与河流间相互作用共同维系整个流域生态系统的平衡与稳定，但是城市化的进程却打破原有的结构和关系。

首先，各个要素的数量发生了变化，如对布吉河流域土地利用进行分类的结果表明：1980~2005 年期间该流域的耕地、林地及灌草地的比例由 93.54%减少为 34.79%，而城镇用地由 1.65%增至 54.25%。

其次，城市化还造成河流系统内各种景观要素结构变化，吉文帅的研究表明：随着经济发展，柘皋河流域内水体的边缘密度减小，这主要是人造水塘较多，并在河流上游修建多处水利设施所造成的，由此可见人工水利设施造成河流系统边缘密度小，对于较容易受边缘效应影响的河流系统来说影响更加明显。

最后，造成景观要素间空间关系发生了相当大的改变。以城市化水平由低到高为序列，在不同区域中河流的频数和密度存在明显差异，村镇级河流频数高于市区级河流频数数倍；村镇级河流密度在高度城市化地区低于市区级河流密度，但在低度城市化地区则高于市区级河流密度 10 倍以上；由市、区两级河流构成的干流长度比例随城市化进程基本呈上升趋势。干流型网状结构是高度城市化地区的基本河流结构，井型网状结构是中度城市化平原河网地区经人为改造形成的河流结构。因此，随着主导土地利用类型的变化，河流形态结构发生着具有内在联系的趋势性变化，自然型→井型→干流型河流结构是平原河网地区一种可能的演变趋势。三种类型河流结构不仅在空间形式上差异显著,而且在景观、形态、结构、发育和功能等方面特征迥异。

1.3.3 城市化对河流生态过程的影响

1.3.3.1 水文过程变化

城市化中土地利用格局发生变化,造成植被覆盖度下降而硬化地面增加,降低流域对降雨的涵养能力,导致雨季洪峰和旱季河流干枯,并且洪峰时间短、流量大,而枯水期持续时间变长。同时,河流连通性的改变及其河道和地下水之间连通性割裂也造成了夏季高水位、时间短,而冬春则出现过长的枯水期。White 等探讨城市化对 California 的 Los Penasquitos Creek 河流流量的影响,表明在 1966~2000 年间枯水季节内中等和最小的日径流降低,而洪水频度则明显增大,时间间隔降低,洪水径流在 1965~1972 年为 6.41 m^3/s,在 1973~1987 年增加到 20.86 m^3/s,而在 1988~2000 年更是达到 35.67 m^3/s,这些都源于城市化对土地利用的改变。

1.3.3.2 物质循环过程变化

水文过程的改变进一步影响了河流生态系统中物质和能量的流动,河流作为景观中的廊道,在物质循环和搬运中发挥着作用,同时也为系统中的其他组分提供物质和能量。

因此,城市化对河流系统中物质循环的影响体现在两个方面,一方面是城市化过程中河流流域内城市排放的各种物质随着径流和排污而进入河流中,影响河流的整个物质循环过程。研究表明,珠江三角洲城市化进程使得珠江河口海域中沉积物含有重金属和有机物的含量远远超过一般国家标准,这对珠江水体质量产生了严重危害,除砷和铅外,其他受测重金属的超标率均超过 60%,镉和镍更是达到了 100%,超标率从大到小分别为镉、镍>锌>总铬>汞>铜>砷>铅。而水体中各种污染物的存在影响生物的生长发育,造成水体生物的重金属富集,最终影响人类的身体健康。

城市化对河流中物质循环影响的另一个方面是水文、水质等的变化引起河道中生物群落结构的变化,从而引起各种物质在生态系统中循环的变化。Stefan 研究发现近 50 年来由于城市化进程,日本中部的河流入口处大部分的芦苇群落被裸地或盐生植物群落所代替,通过分析发现裸地群落土壤中硫化物的含量明显超过前者,硫化物的富集造成了对根系的毒性作用,引起芦苇死亡和植被格局的变化,究其原因主要是城市化过程中硫化物排放过多。

为了更好地理解在干旱地区河道网络的作用,Ryan 研究了河流大小如何影响植物的生产以及结构和河道中的土壤中有机质累积动态,结果发现 Prosopis velutina 的冠层随着河流面积而增加。因此,河道内格局对于植物群落结构和初级生产力影响相当明显,干物质生产以及土壤中有机质累积与冠层大小呈正相关,但是在较大型河道内,土壤有机质受水流的搬运而发生变化。在干旱地区大多数河流具有明显的水文动态,在这些河流中生长的各种生物基本形成了对水文动态的适应,但是城市化造成的水文变化引起了生物群落的变化,特别是水生植物。Andre 等研究了洪水对不同连通程度河道内植物群落的影响,结果表明具有较高连通性的河道内植物群落在洪水后结构变化较小,而连通性差的河道植物群落则稳定性较差,容易受到洪水的影响。因此,在河流与河流以及河流与湿地间良好的连通性可提高系统的稳定性,降低洪水对群落的影响。

1.3.4 城市化对河流健康的影响

人口的增长与工业化的加剧导致城市的不断扩张。城市的快速发展对城市河流健康带来消极的影响。不适当的城市开发使城市河流河道越来越窄、河网分割、污染物沉积河床上升,河流的正常生理过程被打乱,加剧了城市河流污染、功能萎缩与自然灾害。当其自然属性的分解者不能负担系统中全部能量时,系统将出现大量问题,继而威胁着城市生态系统的安全和可持续发展。

1.3.4.1 供水保证率降低导致生产者不足

城市中各行业用水量在不断加大,“资源型”“水质型”及“工程型”缺水状况日益严重,城市供水安全得不到保障,河流生态系统中生产者质量和数量的不足,制约了整个城市的发展。

水资源过度开发和工农业生产的迅速发展,城市人口的快速增长,致使修建大量的水库水坝等水利设施,以便大量引用河水,导致利用量远远超过河流的水资源承载能力,致使许多河流水量急剧减少,城市河流甚至出现断流、河槽萎缩等状况。部分城市不仅工业用水紧缺,居民生活用水也得不到稳定供应。研究表明,若一条河流的水资源开发利用率超过40%,将会对该条河流的健康造成不利的影响。我国多数河流水资源利用率过高,如黄河水资源利用率已达70%、淮河为60%、辽河为65%、海河则高达100%,远远高于国际公认的40%水资源合理开发利用的警戒线。如此下去将给这些河流带来一系列严重的生态灾难。

1.3.4.2 洪涝灾害导致生态功能退化

近年来城市规模的扩大及城市化率的提高,使降雨强度和汇流过程发生了较大变化,同时城市排水设施不完善,造成内河水系行洪不畅,加剧了城市洪涝灾害的频繁发生,严重时导致河流生态系统崩溃。

河流的城市河段受到人为改动最为强烈,一些不合理的城市开发改变了河流自然河道,硬覆盖河堤的修建切断了河流与岸边生态系统的物质、生态等良性交互;城市河流橡胶坝阻断、破坏天然航道,加剧了城市河流的淤积状况;城市河流上段的水库建设,加剧了河道断流的危险等。以上种种人类活动危害河流健康、影响河流生态系统,使得依赖河流的城市生态系统出现紊乱,直接影响人类的身心健康和城市文化、经济和社会的可持续发展。

1.3.4.3 水环境恶化导致生态系统崩溃

城市河流水环境是指城市中的线状水体自然河流、人工渠道、护城河及其水循环空间。具体地说是指以河道水域为中心,包含河道周边环境的一个特定区域。城市河流水环境是城市人居环境的重要组成部分,是提升城市居民生活质量的重要因素,发挥着生态平衡功能,支撑着城市系统的正常运转和可持续发展。

1. 城市河流水环境污染状况

城市河流的重要功能不仅是对天然降水的汇纳和输送,同时也是对城市发展所产生的各类排水的输送。随着城市化率的迅速提高,大量的人口向城市集中,导致城市用水量的大幅增加,随之而来的是废水

(污水)的大量排放,而城镇污水收集处理基础设施的建设却远远落后于城市建设的步伐,这就在很大程度上影响了城市污水处理效率,使得承载着城市各类排水输送的河流污染负荷日益增加。

目前,全世界城市河流水环境污染严重。大量城市生活污水、工业废水、农业生产及城市径流挟带的污染物排放到城市河流,工业废物与生活杂物倒入河流的现象在一些城市普遍存在,使许多城市河流成为城市的纳污载体,恶臭现象较为普遍。水体生态功能下降。大部分亚洲、非洲、拉丁美洲及东欧的国家均存在不同程度的城市河流污染问题。

近年来,我国城市水环境污染严重,受城市排污影响大,主要以生活污水为主。我国城市河流水体黑臭现象十分普遍。许多城市生产废物和生活垃圾倾倒河流现象较为普遍,严重影响水质,造成水生态系统功能退化,中国河流健康的最大威胁来自城市的水污染。调查显示,2006年中国珠江、长江、黄河、淮河、辽河、海河和松花江七大水系的197条河流408个监测断面中,Ⅰ~Ⅴ类和劣Ⅴ类水质的断面比例分别为4%、23%、19%、23%、5%和26%,其中劣Ⅴ类水成为基本丧失使用功能的水体,不能用作饮用水、工业或农业用水,也没有景观价值。城市发展规划的不合理导致城市河流健康的危机,不健康的城市河流又限制了城市的进一步发展。

我国工业废水和生活污水排放量不断加剧,其中2001~2010年生活污水的排放翻了近1倍。与南方省(市)GDP增长的速度一致,2010年全国各地区废水排放前位15省(市)中有10个是南方省(市),其中大部分省(市)中废水排放以生活污水为主,可见生活污水已成为我国城市污染的主要成因。这些生活污水主要是排泄物和洗漆污水,含有大量的有机物,主要成分为碳水化合物、蛋白质和脂肪,这些有机物排入城市河流后,极易腐化,在微生物分解过程中消耗大量的溶解氧,并产生大量的发黑、致臭等二次污染物,使得水体生境急剧恶化。

根据国家环保总局发布的《2003年中国环境质量状况》公报:2003年中,七大水系的409个监测断面中,Ⅰ~Ⅲ类、Ⅳ~Ⅴ类和劣Ⅴ类水质的断面比例分别为37.7%、32.0%和30.35%;"三湖"水质均为劣Ⅴ

类,主要污染指标为总氮和总磷。据调查,全国江河有近47%的河段、90%以上的城市水域、50%的城市地下水不同程度地遭到污染,其中有10%污染严重,已基本丧失使用价值。

河流污染加剧了水资源短缺,直接威胁着饮用水的安全和人民的健康,影响到工农业生产。河流污染物超过水体容量和自净能力,溶解氧浓度降低甚至为零,河流出现黑臭、富营养化现象,鱼虾等水生物种类锐减甚至绝迹,水体原有的功能衰退甚至丧失,水体的生态平衡被严重破坏,水域附近的居民身体健康受到威胁。正因为河流污染的巨大危害性,故此日益引起人们的关注,并积极采取有效的技术及措施对污染进行控制和治理。

2. 城市河流污染原因分析

造成河流水体污染的污染物按其进入水体的方式不同,可以分为点源污染和面源污染两种。点源污染主要来自两个方面:一是工业发展超标排放工业废水;二是由于城市污水排放和集中处理设施严重缺乏,大量生活污水未经处理直接进入水体造成环境污染。工业废水近年来经过治理虽有所减少,但城市生活污水有增无减。面源污染主要是指降雨产生的地表径流冲刷所汇集的溶解态污染物和暴雨径流中泥沙挟带的吸附态污染物,以及农田灌溉退水挟带的农药和化肥等。

城市点源污染治理日益受到重视,甚至逐步被控制以后,城市面源污染日益加剧,尤其是雨水径流污染已成为城市面源污染的重要组成部分,这种雨水径流污染不仅是城市化产生洪涝灾害的突出“贡献者”,更是引起我国城市内河黑臭的重要原因之一。雨水径流污染的来源非常广泛,包括大气降尘、车辆运输及腐蚀、城市地表侵蚀、植物残体腐蚀、动物排泄物以及垃圾等。随着城市化的不断发展,城市区域不透水表面逐年增加,这些雨水径流污染物浓度不断提升。同时,雨水径流污染具有较大的随机性、突发性(暴雨)和广泛性,污染负荷时空变化大,污染物成分复杂,尤其是初期雨水径流污染最为严重,降雨形成的地表径流中所挟带的污染物基本都集中在初期雨水当中,其污染物浓度负荷远高于降雨中后期,这部分雨水径流若直接排放进入受纳水体必将引起严重污染。由于南方气候多雨,这种初期雨水径流污染在南方城市更为突出。有学者对南方部分城市地表径流污染调查研究显示,这种雨水径流有的超过我国城镇污水排放标准,逐步成为我国南方城市河流水质恶化的重要因素。

污染成因具体分析如下。

1)城市化发展过快

我国人口基数较大,人口增长速度较快,城市化率的迅速提高使得大量人口向城市积聚,对城市资源和环境的压力及影响已成为制约城市环境与经济可持续发展的主要因素。发达国家的经验表明,工业总产值每增加 10%,废水排放量增加 0.17%。在我国工业生产增长所带来的废水排放比例更高,造成水体污染更为严重。例如,太湖流域工业总产值翻 2~3 番的情况下,工业废水和生活废水产量增加很大,使得太湖水质自 20 世纪 70~90 年代普遍下降 2~3 个等级。全国七大流域水质调查评价结果表明,河湖水体质量最差的都是城市范围或城市近郊工矿区附近的河段和湖泊。这证明了城市化提高对城市水环境质量的影响。

2)城市工业废水治理工艺落后

我国现阶段对工业企业废水排放都提出了严格的标准,但由于国内企业产业结构不合理,重污染企业多,生产工艺落后,管理水平低下,物料消耗高,单位产品污染物质排放量过高,造成对水环境的严重影响。在我国很多老企业缺乏应有的污水处理设施,即使有污水处理设施的企业,由于管理不善,很多污水处理设施没有发挥应有的作用,许多企业的治污设施不正常运转或不能有效运转,也是工业废水污染水环境的重要因素。在 1999 年全国调查的 2 万多套处理设施中,运行良好的只占 1/3,即使运行较好的处理量往往也只是设计流量的 50%左右,产业结构不合理、管理水平低下、技术水平落后、运转经费紧缺,导致城市河湖水质恶化。

3)城市基础设施落后

国内城市化水平迅速提高,但城市排水系统未及时完善、污水处理设施建设缓慢,与城市建设和经济的发展不相适应。目前,我国城市排水体制虽然“雨污分流”,但“雨污合流”仍然占据一定比例,很多老城区难以实现“雨污分流”。雨季大量的雨水同污水一起进入地表水体，污染城市河流湖泊。加上城市污水集中处理设施建设力度不足，很多城市的污水处理率仅30%左右，大量污水直接进入城市地表水体，对城市水环境造成极大危害。

4）城市初雨径流污染未得到有效控制

暴雨径流将流域面上的各种污染物带入了水体。美国水污染控制联合会会刊（JWPCF）于1964年7月发表S. R. Weibel的文章《市区排水是河流污染的一个因素》，首先公开报道城市雨水管网排放的雨水径流也是一个污染源。城市的迅猛发展及城市下垫面的不透水性不断提高，造成城市暴雨径流量增加，城市经济的发展和汽车数量的增加及城市路面污染物加重，使得初雨径流的水质恶化，造成对城市水体的严重威胁。城区雨水主要有屋面、道路、绿地3种汇流介质，其中道路径流因为交通污染水质较差，水质变化较大；绿地的径流一般水量较小，水质相对较好。据国外有关资料报道，在一些污水点源得到有效控制的城市水体中，BOD_5负荷40%～80%来自降雨产生的径流，成为城市主要的水体污染面源。近年来，对城市雨水利用的研究逐渐增加，一般采用的方法是通过雨水收集、综合处理后进行回用。但目前为止，在国内大多数城市中雨水的利用率很低或根本未加以利用。很多城市，特别是山区城市，暴雨量很大，雨后仍然缺水的原因就是对暴雨资源未有效利用。

5）城市面源污染缺乏有效防治措施

城市不透水的混凝土或沥青路面所占比例大，各类污染源产生的污染物随雨水径流汇入河湖，导致水环境质量下降。例如，城市道路表面各类粉尘、汽车油污滴漏和尾气余油、农贸市场和菜场各类废物、工业生产废物、建筑垃圾、生活垃圾及大气降落污染物等都会成为城市面污染源，对城市河湖水环境质量影响很大，但目前对面污染源防治还缺乏有效的方法。

6）不当水利工程破坏生态系统的净污能力

不当的水利工程建设破坏了水体的自然循环，降低了水体的自净能力。如闸、坝工程阻断了自然水体的循环流动，活水在闸、坝工程作用下变成了静止的死水，水体对污染物质的稀释和同化自净能力下降，水环境质量恶化；护坡工程破坏了河道两岸周边的天然湿地，降低了自然水生生物对污染物的吸附能力和净化效果。

第2章 国内外河流生态修复研究及实践

2.1 河流生态修复研究进展

河流生态修复是指利用生态系统原理，采取各种方法修复受损的河流生态系统生物群体及结构，修复和强化生态系统功能，使生态系统实现整体协调、自我维持、自我演替的良性循环。

2.1.1 河流生态修复理论

从理论上说，河流生态修复的基本要求是生态平衡，即河流中的生产者、消费者和分解者之间保持着动态平衡，也就是说系统的能量流动和物质循环能较长期地保持稳定。由于河流生态系统食物网链简单，污染物质进入河流生态系统后，河流生态系统易受到损害，失去原有的生态平衡。河流生态修复需要遵循以下生态学原理。

(1)互利共生原理。生物之间的关系可分为抗生与共生两大类，利用河流的生态系统中各类生物之间的这种相生、相克关系，促使洁净状态良性循环系统中出现的生物种类生长，通过捕食作用使种群内生物的数量保持在一个合适的范围内，并使生物多样性保持在较高的水平上。

(2)食物链原理。食物链原理主要指进入河流的有机污染物被细菌所吸收利用，一部分被彻底氧化分解转化成无机物，使之最终达到稳定的状态，在此过程中释放的能量和有机物分解的中间产物可被细菌利用，营养物则被生产者吸收，并转化为水生植物植株或藻体细菌和微型藻类，又可被微型动物等摄食，后者又可被更大型的捕食性动物所捕食，这种过程连接起来便形成了一条食物链。这种食物“网、链”关系使生态系统维持着动态平衡,河流中的污染物也是在这种网络中被转化和传递的。

(3)生物多样性原理。复杂的生态系统是最稳定的,主要特征之一就是生物种类繁多、均衡,食物“网、链”纵横交织。其中一个种群偶然增加或减少,其他种群就可以及时抑制补偿;相反,若生物种类单一,其稳定性就差。通过人为放养各类适当的生物,最终使生物恢复到种类繁多、均衡,物流能流通畅,自我净化能力强,洁净状态的生态体系。

2.1.1.1　国外河流生态修复理论发展

河流生态修复的主要理论基础是 20 世纪 50 年代德国创立的“近自然河道治理工程学”,其改变传统的工程设计理念和技术方法,理念上吸收生态学的原理和知识,使河流的整治符合植物化和生命化的原理;目标上强调河流自然的健康状态;方法上强调人为控制和河流的自我修复相结合。近自然生态工程理论发展最为重要的时期源自 1962 年 Odum 提出的著名的生态系统自组织原理,并且将这个重要的概念应用到工程领域中,使生态工程有了坚实的理论基础,促进了生态工程理论的完善和技术的应用。Schlueter 认为“近自然治理”的实质就是在满足人类对河流利用要求的同时,又要维护或创造河流的生态多样性;Bidner 提出河流整治首先要考虑河道的水力学特征、地貌学特点与河流生态环境多样性、物种多样性及其河流生态系统平衡。在此理念的支撑下,1989 年生态学家 Mitsch 及 Jorgensn 正式提出了生态工程理论。虽然这种理念在各国的表述不尽相同,德国称为“河川生态自然工程”,日本称为“近自然工事”或“多自然型建设工法”,美国称为“自然河道设计技术”,但均是基于生态工程理论进行设计的。

美国 1992 年出版了《水域生态系统的修复》,1998 年出版了《河流廊道修复》和《河流廊道恢复的原理、过程和实践》,指导河流修复和河流生态治理;美国陆军工程师团水道试验站 1999 年 6 月完成了《河流管理-河流保护和修复的概念和方法》研究报告。日本、澳大利亚等国也进行了大量研究。1997 年日本研究者将河流水体、河岸带空间及两岸居民社区当作一个有机的整体,认为污染河流整治内容应该包括河流水量、水质、生态系统、河岸带、河流与两岸居民的关系等内容,并且特别强调使用生物生态治理工程法来改善河流水质,恢复河道生态系统,尤其是景观多样性和生物多样性的维护。日本建设省发布的《河川砂防技术标准(案)及解说》,提出河道岸坡的防护结构有生态和自然景观等环境功能,护岸应采用与周围自然景观协调的结构形式,即"近自然工事"或"多自然型建设工法"。澳大利亚水和河流委员会于2001年4月出版了《河流修复》一书,为河流修复工作提供技术指导。

目前,这些发达国家和地区的城市河道治理已经进入"生态水利"和"环境水利"阶段,基本普及了"多自然河道生态修复理论技术",强调"人与自然的和谐共处"的生态环境。

2.1.1.2 **国内河流生态修复理论发展**

我国河流生态治理的研究起步较晚,前期主要是集中于河流生态系统某个方面的功能,如河岸植被特征及其在生态系统和景观中的作用、基于景观生态学相关理论在河流整治方面的探讨、河岸带植被的特征和保护、河岸带功能及管理;另外还有一些基于水污染治理角度的研究,如对受污染河道生态修复机制的探讨。

近年来,河流生态修复已经成为水利学和生态学领域研究的热点。我国水利学者和生态学者已经认识到水利工程对河流污染产生的严重影响,从不同角度阐明开展河流生态治理研究的重要性。比较有代表性的是刘树坤于1999年提出的"大水利"理论,就自然环境的保护和修复、湿地生态系统的生态修复、水电站和大坝建设中的生态修复、河道整治与生态修复、河道景观建设和管理等进行了探讨,其中包括比较具体细致的修复思路、步骤、方法和措施等,为之后我国开展河流修复工作提供了参考。2003年,董哲仁首次提出"生态水工学"的理论框架,通过分析研究人类对河流生态系统的胁迫,认为应该革新传统水利工程的设计思想,在水工学的基础上,吸收、融合生态学理论,开展"生态水工学"的研究;同时,探讨了河流生态治理的技术手段和基础研究问题,提出了改善河流生态系统、修复河流生态环境的工程措施及思路,相继提出了一系列理论和方法。王超和王沛芳则比较全面地提出了水安全、水环境、水景观、水文化和水经济"五位一体"的城市水生态系统建设模式;陈庆伟、赵彦伟等分析了筑坝对河流生态系统的影响及水库生态调度,提出了评价河流生态系统健康的指标体系和量化方法。

2.1.2　河流生态修复技术

河流生态修复技术体系相关研究主要集中在河流生态系统修复策略及河流生态系统中的水质、水量和河岸带等要素的修复方面。

2.1.2.1　国外生态修复技术发展

在河流生态系统修复策略方面,1965年德国的Emst Bittmann在莱茵河用芦苇和柳树进行生态护岸试验,可以看作最早的河流生态修复实践。20世纪70年代末瑞士Zurich州河川保护建设局将生态护岸法发展为“多自然河道生态修复技术”,对河流治理重视恢复植被和建设自然护岸;之后此方法在欧美及日本推广使用。

随着河流生态治理实践的发展,河流治理已经从单纯的结构性治理发展到生态系统整体的结构、功能与动力学过程的综合治理。Bernhardt等从治理的范围上进行了解释,认为河流治理不光包括河道本身,还应扩展到河漫滩乃至流域; Malakoff认为,河流生态系统的退化是人为干扰与自然干扰累积作用的结果,治理规划中必须考虑两者之间的相互作用机制;NAKAMURA提出了目标期望思想,将保证生态系统的完整性作为修复的指导思想与目标;Gloss等从管理角度对此进行论述,认为河流及其水资源的管理方式也是河流修复能否成功的重要影响因素;Miseki和Takazawa借鉴景观生态学的等级思想,分别从河岸带与流域2个尺度开展研究,并提出了与各自尺度相对应的群落组织和景观组织水平的治理措施;Gore和Shields的论述较为全面,认为河流治理是一项综合性、系统性的活动,必须综合考虑水文、土地利用、地貌、水质、生物与生态等,甚至要考虑娱乐、经济和文化等方面。

在河流生态修复的方法与具体措施上,很多学者也相继开展了研究。如Fischenich提出了城市河流修复与流域管理的相关技术,其中详细阐述了城市化对城市河流的影响、城市河流水环境质量下降的经济损失及城市河流生态修复面临的挑战等;Deason提出了污水处理的方法,为其他河流污染治理提供了参考; Ludwig和Bezirksamt针对Hamburg河直线化严重、生物多样性消失的现状,采用非政府组织、公众参与的方式,对该河中鲑鱼的生活习性进行了研究,以期通过改善其生活条件来达到修复河流生态的目的;Jukka Jormola 对国际上利用流域洪水过程改善城市河流生态环境的历史进行了简要回顾,并列举了利用洪水管理修复城市河流和湿地的实例;Battle 等对密西西比河上游 Cape Girardeau 附近主河槽内的大型无脊椎动物进行了研究;Best 等分析了水下大型植物西米和野芹菜由于对光的竞争性所引起植物体内 N、P 含量的变化,并建立了模型;Brownlee 和 Anderson 研究了栖息地对珠蚌壳重和大小的影响;Chick 等对密西西比河上游鱼类的时空分布进行了研究,得出了鱼类空间分布与河流的透明度、水温、流速和植物繁茂度有关。

2.1.2.2　国内生态修复技术发展

我国河流生态修复工作虽起步较晚,进入 21 世纪以来,河流生态修复与保护已经引起社会各界的重视,并相继开展了许多研究活动。2000~2005 年为萌芽阶段,该阶段主要是学习国外在该领域的成果,并形成针对我国河流现状、治理目标及面临问题的学术见解;2005 年至今,随着研究的进一步深入,我国的河流生态修复理论与实践活动由初始的理论探讨、整治框架阶段向具体的修复方法、手段和技术转变。主要归纳为水质净化技术、近自然河流治理技术和生态需水量确定。

(1)水质净化技术:包括原位净化和异位净化两种,其中原位净化技术由于其就地净化、不占用土地的特点,近年来备受关注,相关研究也日益得到开展。水质原位净化技术包括人工打捞等物理方法,也包括向水体中投放化学药剂等化学方法,还包括近年来广泛被人们研究和应用的利用生物膜法净化水质、利用植物根系吸收污染物等。异位净化技术包括建设污水处理厂、人工湿地处理污水等技术,这些方法和技术多由国外引进,并经国内消化吸收。

(2)近自然河流治理技术:包括河道形态的确定、稳定性计算、生态护岸的构建等,使河流各组成要素接近自然河流的指标,达到修复河流生态系统的目的。

(3)河流生态需水量确定:主要是依据水文水力学方法来保护栖息地,当前的研究重点是在河流生态调查、目标物种选择、目标物种习性与水动力的关系研究等,以便更有效地确定生态需水量和需水过程。

2.1.3　河流生态修复实践

2.1.3.1　国外生态修复工程

阿尔卑斯山区国家,如德国、瑞士、奥地利等,在河川治理方面的生态工程建设,积累了丰富的经验。这些国家制定的河川治理方案注重发挥河流生态系统的整体功能,注重在河流三维空间内植物分布、动物迁徙和生态过程中相互制约与相互影响的作用,注重河流作为生态景观和基因库的作用。"近自然河流治理"工程与传统工程方法比较,其突出特点是流域内的生物多样性有了明显增长,生物生产力提高,生物种群的品种、密度都成倍增加。比如 Oichtenback 流域采用"近自然治理"后动物种类由 44 种增加到 133 种,Melk 流域在治理前的 1987 年每百米河段鱼类个体数量 150 条、生物量 19 kg,治理后 1990 年分别提高到 410 条和 55 kg。另一个特点是河流自净能力明显提高,水质得到大幅度改善。实践证明,充分利用河流自净能力治污,是一种经济、实用的技术。

20 世纪 90 年代英国在一些河段进行生态修复工程建设,获得了广泛关注并最终得到了大多数人的认同,并成立了英国河流修复中心,制定了"河流修复指南",在流域尺度下进行河流的生态修复。2000 年,欧共体颁布了"水资源框架指南",其目标是在 2015 年之前,使欧洲所有的水体具有良好的生态状况或具有这方面的潜力,每个成员国必须针对本国情况制定具体目标,并采取各类措施确保目标实现。历史上最著名的成功案例是莱茵河生态修复。莱茵河是欧洲的大河,流域面积 18.5 万 km^2,河流总长 1 320 km。流域内有瑞士、德国、法国、比利时和荷兰等 9 国。第二次世界大战以后莱茵河沿岸国家工业急剧发展,造成污染不断蔓延,污染主要来源于工业污染和生活污染;到 21 世纪 70 年代污染风险加大,大量未经处理的有机废水倾入莱茵河,导致莱茵河水的氧气含量不断降低,生物物种减少,标志生物——鲑鱼开始死亡;1986 年,在莱茵河上游史威查豪尔发生了一场大火,有 10 t 杀虫剂随水流进入莱茵河,造成鲑鱼和小型动物大量死亡,其影响范围达

500多km直至莱茵河下游。事故如此突然和巨大,欧洲社会舆论哗然,莱茵河保护国际委员会(ICPR)于1987年提出了莱茵河行动计划,得到了莱茵河流域各国和欧共体的一致支持。这个计划的鲜明特点是以生态系统恢复作为莱茵河重建的主要指标,主攻目标是:到2000年鲑鱼重返莱茵河,所以将这个河流治理的长远规划命名为:"鲑鱼—2000计划"。这个规划详细提出了要使生物群落重返莱茵河及其支流所需要提供的条件,治理总目标是莱茵河要成为"一个完整生态系统的骨干"。沿岸各国投入了数百亿美元用于治污和生态系统建设,到2000年莱茵河全面实现了预定目标,沿河森林茂密,湿地发育,水质清澈洁净;鲑鱼已经从河口洄游到上游瑞士一带产卵,鱼类、鸟类和两栖动物重返莱茵河。

2.1.3.2　国内生态修复工程

在河流生态修复的实践方面,国内进行了很多探索,积累了一定的经验,但与发达国家相比,城市河流污染治理理念和技术都比较滞后。在近年的不断探索中,借鉴国外河流整治和管理的经验,我国河流污染控制与治理经历了从单纯的注重水资源开发、河流安全功能,到治理河流环境、维护景观多样性,再到重点建设河流生态系统等三个发展阶段,相应的河流污染控制与治理技术也在不断地得到应用与发展。

1. 工程治河阶段(20世纪80~90年代)

该阶段主要以提高防洪排游、蓄水航运为目的,利用防洪工程、排污工程、灌溉工程等措施控制污染并改善水质。这个阶段使用的河道整治技术主要有河道裁弯取直、底泥疏浚、河岸带重建等,其中护岸结构以直立式挡墙为主。在这种治理理念的驱使下,城市河道被渠道化,对提高河流水体的自净能力和建立城市生态环境产生了较为负面的影响。

2. 环境保护与综合治理阶段(20世纪90年代至21世纪初)

该阶段主要以1991年第二次全国城市环境保护会议提出的我国城市水环境综合整治方针为标志,城市河流整治全面进入环境保护与综合治理阶段。从此全国开展了混合污水截留管道的修建和优化,兴建集中污水处理设施、氧化塘、土地处理系统等为城市河流污染控源截污,开展底泥疏浚、引清调水、河岸带衬砌等河道整治技术,在实现城市河流的景观效应、旅游和休闲功能等方面取得了一定的进展。以上海市苏州河等城市中心河流为主要代表,经过综合治理后,河流水质得到明显的改善,河流黑臭现象基本消除。

3. 河流生态修复阶段(21世纪初以来)

随着国内外河流污染控制与治理技术的发展,以及人们对居住环境质量的要求越来越高,不仅需要与周围环境相协调的河道自然景观,而且需要河水清澈、鱼儿欢快、水生植物茂盛的自然生态景观。考虑到此种情况,为建立与我国经济发展水平、居民生活水平相适应的河流生态功能水平,国家对河流生态问题以及多自然河流的建设高度重视。“十五”国家重大科技计划专门设置了“水污染控制技术与治理工程”重大专项,目标是开发出适合我国国情的湖泊污染治理技术、城市生活污水处理成套技术与装备、安全饮用水保障技术,并在难降解有机废水处理技术研究开发方面取得重大突破,形成我国水污染控制核心技术的研究开发基地和自主创新体系。目前,已初步形成了太湖河网地区面源污染控制、水源地水质改善、重污染水体底泥环保疏浚与生态重建技术体系和成套技术方案,并进行了工程示范;在武汉、镇江等城市进行以构建人水协调的良性城市水生态系统为目标,构筑以生态工程为核心的城市水环境改善技术平台示范;开展饮用水及其净化技术的安全评价方法,饮用水安全保障示范工程在上海、深圳和天津建设;低温多效海水淡化技术为解决沿海地区的淡水短缺提供了强有力的技术支撑。

国家水体污染控制和治理科技在多个城市河流中的实施与示范,多自然型河道修复技术的理论研究与应用推广在国内得到快速发展。很多学者开展了大量的研究,研发了多种河流生态修复技术并开展了试验和应用。控源截污、底泥生物修复、生态护岸、水质修复、河岸生态景观重建、微生物修复等治理技术得到广泛应用。在理论方面,丰富了“亲自然河流”和“自然型护岸”的概念,如赵彦伟等提出了城市河流生态系统的八元修复模式,该模式以控污截源、底泥疏浚与污水处理工程为主导,综合运用曝气复氧、多功能河道生态修复等工程,强化城市初期雨水径流污染控制技术,以生物修复与自然修复相结合,景观建设与生物栖息地营造相结合的原则实现河流生态系统的修复。

水利部在全国选择不同水生态问题的省(市)作为水生态保护与修复试点,通过对示范区内存在的包括防洪、排涝、水资源、水生态、水环境、水景观和水文化等诸多问题进行统一梳理,编制适合当地具体特点的、满足水生态系统需求的水生态保护与修复规划,以宏观、系统的视角综合考虑多种涉水问题,为各示范区的水生态保护和修复提供了总体思路和策略;各大城市如北京、天津、上海、杭州、苏州、广州、沈阳、哈尔滨、成都和西安等,受改善城市人居环境、带动经济发展等因素的驱动,近年陆续开展了基于生态修复、景观建设、滨水空间和水质保护等多方位的河流整治工作,不断推广示范各类水生态保护与修复的理念、技术和方法,进而带动更广范围的河流生态修复工作的开展,为今后其他城市开展此项工作提供了借鉴。除城市河流外,我国的很多大江大河也在注重防洪发电等工程效益的同时,更多地兼顾生态的调水、补水工作,取得了良好的生态效益,如黄河每年汛前调水调沙向河口的湿地补水、博斯腾湖向塔里木河输水、引岳济淀等,取得了良好的生态效益。

2.2　研究区概况

2.2.1　自然概况

研究试点选择巴川河及淮远河重庆铜梁城区段,巴川河属嘉陵江水系,发源于铜梁区巴川街道大雁村,通过铜梁城区纳入右岸较大支流高滩河,之后再过龙门桥,于双河口处汇入淮远河,全长 11.3 km。巴川河作为重庆铜梁区人民的母亲河,具有休闲娱乐、调节气候、水量调蓄、排洪等功能。

2.2.1.1　流域概况

铜梁区境内水系有“一江两溪三河”,即涪江、大安溪(又名琼江)、小安溪、平滩河、淮远河(又名堰渡河)、久远河六条主要河流。平滩河为大安溪一级支流、涪江二级支流，淮远河、久远河为小安溪一级支流、涪江二级支流，总归嘉陵江水系。

涪江于铜梁区高楼镇晒金石入境，流经高楼、安居二镇，于安居镇波仑的羊寿溪出区境流入合川区内。流经区内长 23 km，多年平均流量 572.00 m^3/s，多年平均径流量 180.00 亿 m^3，区内流域面积 82 km^2，占流域面积的 0.23%，其中：森林面积 560 hm^2，森林覆盖率 8.30%。总人口 34 342 人，其中城镇人口 3 856 人。

琼江(大安溪)位于铜梁区北方深丘陵地区，河上建有铜梁区骨干电站安居电站，安居镇是区文化大镇。琼江在铜梁区维新镇青滩入境，流经维新、少云、安居三镇，于安居镇泉溪口汇入涪江。流经区内长 37 km，多年平均流量 37.8 m^3/s，多年平均径流量 11.92 亿 m^3，区内流域面积为 384 km^2，占流域面积的 8.42%，其中：森林面积 1 760 hm^2，森林覆盖率 10.68%。总人口 237 561 人，其中城镇人口 2 338 人。

小安溪在铜梁区永加镇涡沱村入境，流经永加、大庙、虎峰、蒲吕、旧县五个镇，于旧县的张家渡口出境流入合川区。河流经区内长 88.3 km，多年平均流量 16.5 m^3/s，年均径流量 5.20 亿 m^3(区内产生年均径流量 3.02 亿 m^3)，区内流域面积 833 km^2，占流域面积的 48.32%，其中：森林面积 11 660 hm^2，森林覆盖率 18.53%。总人口 536 493 人，其中城镇人口 85 988 人。

淮远河于铜梁区土桥镇石岭坳二道桥入境，流经土桥、巴川、南城、东城、旧县五镇街，于旧县镇合滩寺汇入小安溪。流经区内长 32 km，多年平均流量 5.85 m^3/s，年均径流量 1.84 亿 m^3，区内流域面积 138.4 km^2，占流域面积的 26.26%，其中：森林面积 1 930 hm^2，森林覆盖率 18.45%。总人口 197 054 人，其中城镇人口 81 688 人。

平滩河于铜梁区小林镇红旗村入境，流经小林镇、平滩镇，在平滩镇香水村吴家桥入潼南区境。区内长 19 km，年均流量 4.22 m^3/s，多年平均径流量 1.33 亿 m^3，区内流域面积 258 km^2，占流域面积的 67.72%，其中：森林面积 1 180 hm^2，森林覆盖率 14.98%。总人口 60 812 人，其中城镇人口 1 192 人。

涪江、琼江、小安溪、淮远河、平滩河五条河流均属跨区界河流。

久远河系小安溪主支流，发源于福果镇石门村大垭口经石鱼镇，于虎峰镇双河口汇入小安溪，属区内河流，主河道长 18 km，年均流量 1.17 m^3/s，多年平均径流量 0.37 亿 m^3，全流域面积 99.7 km^2，占流域面积的 100%，其中：森林面积 1 400 hm^2，森林覆盖率 26.90%。总人口 58 618 人，其中城镇人口 976 人。

巴川河主要有两条支流，北支流源于巴川街道红雁村，经自生桥、倒石桥，穿城区巴川街道在周家河坝与南支流汇合，呈五个河套蜿蜒穿过城区，形如“巴”字。南支流发源于南城街道六赢山大垭村，经豹子沟滴水岩，于周家河坝汇流。河长 11.3 km，多年平均流量 0.67 m^3/s，多年平均径流量 0.21 亿 m^3，流域面积 57.75 km^2。

铜梁区主要河流水文特征值见表 2-1。

表 2-1 铜梁区主要河流水文特征值

河流名称	流域面积(km^2)		河流长度(km)		多年平均径流量(亿 m^3)	多年平均流量(m^3/s)	多年平均径流深(mm)
	总面积	境内面积	总长度	境内长度			
涪江	36 400	82	670	23	180.00	572.00	495
琼江	4 558	384	235	37	11.92	37.8	267
小安溪	1 724	833	170	88.3	5.20	16.5	364
淮远河	527	138.4	57	32	1.84	5.85	349
平滩河	381	258	45	19	1.33	4.22	349
久远河	99.7	99.7	18	18	0.37	1.17	371
巴川河	57.75	57.75	11.3	11.3	0.21	0.67	364

2.2.1.2 地形地貌

铜梁区境内地貌类型主要有低山、槽谷、深丘、中丘、浅丘、缓丘平坝（阶地、漫滩），且以丘陵为主。低山是指区内的云雾山和巴岳山，山体海拔多在 500~700 m，槽谷分布于两山山顶灰岩出露地带；深丘主要分布于城北部的安居、水口、白羊和南部背斜低山山前地带，海拔 300~

500 m,相对高差 50~150 m,多呈长担岭或穹窿状岭垄,或呈单面山;中丘主要分布于各向斜翼部,呈条状岭脊及梁状、枝状岭谷。中深丘地区河流发育,沟谷纵横,斜坡多为陡坡,坡积、残积、崩坡积物较多;浅丘地区主要分布于境中部,构造上多位于向斜轴部,岩层产状较平缓,倾角10°以下,砂岩平布周边,呈陡坡,地势较周围高。缓丘平坝多分布于城西部,位于向斜轴部,产状平缓,倾角 5°以下。这样的地形地貌为滑坡、危岩、不稳定斜坡的发育提供了条件。

2.2.1.3　地质结构

铜梁区地质构造处于上扬子地台、四川中台坳,川中台拱的龙女寺半环状构造单元。地质构造既可控制地形地貌,又可控制岩层的岩体结构及其组合特征,对地质灾害的发育起综合控制影响作用。境内有6 个背斜和 4 个向斜相间分布,构造轴线呈北东—南西向,褶皱平缓,两翼较对称,倾角一般为 2°~3°,华蓥山深大断裂北东—南西向从中部穿过。因此,受区域地质构造影响,岩体节理裂隙较发育,延展性较差,间距较小;地表浅部岩体风化裂隙发育,方向分散,密度较大,裂面多充填泥质;由于层面与节理、裂隙相互组合切割,因而岩体完整性显著降低,在降雨等不利因素作用下,易形成滑坡、危岩、不稳定斜坡等地质灾害。

2.2.1.4　气象水文

铜梁区属亚热带湿润季风气候区,气候温和,降雨丰沛,四季分明,无霜期长。春季回温早,但常受寒潮影响出现倒春寒,初夏雨量丰沛,盛夏炎热多伏旱,秋多绵雨,冬无严寒,云雾较多。

据铜梁区气象站 1960~2006 年资料统计分析,多年平均降雨量1 068. 8 mm,降雨时空分布不均,年内分配多集中在 5~9 月,年际变化较大,最大年降雨量 1 487. 1 mm(1968 年),最小年降雨量 680. 81 mm(2006 年),相差约 2 倍。多年平均气温 17. 8 ℃,平均相对湿度 83%,平均日照时数 1 188. 3 h,平均无霜期 328 d,平均蒸发量 1 052 mm,多年平均最大风速 8. 95 m/s,瞬时最大风速 15 m/s,主风向为西北。蒸发量年平均为 1 131 mm,4~8 月最大,平均在 120 mm 以上,12 月最小,为 27. 3 mm,夏季降水量大于蒸发量,冬季蒸发量大于降水量。

根据铜梁区气象站实测资料统计,该流域常出现大雨或暴雨,最早出现在 2 月 12 日(1989 年),最迟出现在 11 月 30 日(1994 年),一般出现在 4~10 月。根据 1980~2007 年实测资料统计:最大 1 h 雨量为 75.2 mm(1996 年),最大 6 h 雨量为 145.8 mm(2007 年)。根据 1960~2007 年实测资料统计:最大 24 h 雨量为 189.1 mm(2007 年)。一次暴雨过程多为 1~2 d,其中大部分暴雨都集中在 24 h 以内。

巴川河及淮远河流域内均无实测洪水资料及水文测站,仅铜梁区气象站有 1953 年建站以来的降水资料。同水系的小安溪上有双石桥水文站,距工程直线距离约 54 km,集雨面积 246 km^2,观测项目有水位、流量、降雨等,自 1973 年建站至今,实测洪水资料为 1973~2000 年。另外,邻近流域壁南河上有河边水文站,距工程直线距离约 25 km,集雨面积 7.19 km^2,观测项目有水位、流量、降雨等,于 1984 年建站、2000 年停测,实测洪水资料为 1984~1999 年。

巴川河、淮远河均为雨洪河流,洪水由暴雨形成,洪水过程陡涨陡落,其过程直接受暴雨特性的影响。根据双石桥水文站 1973~2000 年实测资料统计,最大洪峰流量出现在 5~9 月。通过洪水过程线分析,起涨时间多在 2~6 h,形成洪峰流量时间多在 13 h 以内,峰型多为单峰。

2.2.2 社会经济概况

铜梁区幅员面积 1 341 km^2,辖 5 个街道、23 个镇,截至 2015 年末,全区户籍总人口 84.52 万人,其中农业人口 61.45 万人、非农业人口 23.07 万人;全区常住人口 68.72 万人,其中城镇常住人口 33.99 万人、农村常住人口 34.73 万人,城镇化率 49.46%。铜梁位于成渝经济区腹心地带,处渝西地区中心位置。渝遂高速公路、国道 319 线及规划的渝大高速公路东西向穿境而过,重庆三环高速公路合川—铜梁—永川段贯通南北,交通便利,是重庆一小时经济圈和成渝经济带上的重要节点,距重庆主城 41 km,距江北机场 65 km。铜梁高起点修编城市规划,高品质建设城市,高质量管理城市,龙文化特色突出,先后荣获中国人居环境范例奖、国家首批园林城市、国家级卫生城市、最具幸福感城市等荣誉称号。

2015 年全年实现地区生产总值 308.20 亿元,按可比价计算比上年增长 11.5%。其中,第一产业实现增加值 36.00 亿元,增长 4.7%;第二产业实现增加值 185.34 亿元,增长 12.8%;第三产业实现增加值 86.86 亿元,增长 11.3%。三次产业结构为 11.7∶60.1∶28.2。按常住人口计算,人均 GDP 达到 45 626 元,比上年增长 7.3%。从不同产业对经济增长的贡献程度看,第一产业贡献率 4.3%,拉动经济增长 0.5 个百分点;第二产业贡献率 67.5%,拉动经济增长 7.8 个百分点;第三产业贡献率 28.2%,拉动经济增长 3.2 个百分点。

2.2.3　水生态及水质状况

2.2.3.1　水生态状况

1. 河流水流状况

巴川河由南北两条支流在明月闸处汇流而成,最终在双河口处汇入淮远河。巴川河南支流从望龙桥起,北支流从小北海水库起,自北向南流经金砂小学。淮远河自西向东从双河口过三星翻板闸,至金龙大道止。

河流水源主要来自小北海水库,并通过龙门闸、明月闸、三星闸三个翻板闸来调控河道水量。巴川河南支流上游水源已经截断,目前主要靠明月闸蓄水后,倒灌入南支流,来保障南支流基本水量。小北海水库水质为Ⅲ类以上。

受明月闸、龙门闸、三星闸三个翻板闸调控,根据不同河段河床标高,水位呈现一定的差异性。常水位情况下,明月闸、龙门闸、三星闸全部处于竖起关闭状态,上游来水从闸顶溢流入下游;汛期为保障水利安全,闸门全部放倒,迅速排水,水位也随之提高。

明月闸、龙门闸、三星闸现状见图 2-1。

巴川河、淮远河现常水位、洪水位主要分以下区段:

(1) 小北海水库—金砂小学,常水位为 0.5~1.0 m,洪水位约 1.5 m;

(2) 金砂小学—明月闸,常水位 1.0~1.5 m,洪水位 2.5~3.0 m;

(3) 明月闸—龙门闸,常水位 2.5~3.0 m,洪水位 3.5~4.0 m;

图 2-1　明月闸、龙门闸、三星闸现状

(4)龙门闸—淮远河,常水位 3.0~3.5 m,洪水位 4.0~4.5 m;

(5)巴川河南支流,常水位 0.3~0.6 m,洪水位 1.0~1.5 m。

2. 岸坡与底质现状

巴川河小北海水库—金砂小学河段已进行驳岸生态化改造,目前已形成伞草、鸢尾、再力花等挺水植物为主的自然生态驳岸;淮远河三星翻板闸—望龙桥河段现状为自然草坡,但并未进行系统的生态改造,坡度较陡且植被杂乱;其他河段因防洪需要均为硬质驳岸。

不同区段驳岸现状见图 2-2。

小北海水库—金砂小学河段

三星翻板闸—望龙桥河段

其他区段硬质驳岸

图 2-2　不同区段驳岸现状

河床基本为土质,由于河道已采用抛石法进行过清淤处理,河床现散布众多大小不等的石块。部分河道两岸有淤泥堆积形成的滩地,由于现水位较低,已长满杂草及蔬菜。

3. 生态状况

整个项目范围内仅在金砂小学门口处与淮远河局部发现少量沉水植物菹草,其他河段未有发现。小北海水库—金砂小学河段因生态驳岸改造栽有挺水植物,其他河段由于均为硬质驳岸无挺水植物群落。在小北海水库—金砂小学河段发现螺类底栖动物,其他河段未见。鱼类群落仅观察到餐条鱼,且数量较多,其他品种没有观察到。另外,部分河段发现外来物种水花生,尤其龙门闸下游两侧滩地较为集中。

河道底质和水生态现状见图2-3。

图2-3 河道底质和水生态现状

2.2.3.2 水质与污染源现状

1. 水质状况

2017年4月28日至12月20日对铜梁巴川河的现场水质进行了监测,监测点位如图2-4所示,监测结果如图2-5所示。

根据该水质监测分析,巴川河并无明显黑臭现象,主要水质问题是透明度较低,存在氨氮超标现象,主要集中在巴川河金砂小学—龙门闸河段。该水质变化并无明显特征规律,可能受降雨、人为活动、临时性点源污染影响。这主要是由于水体缺乏完善的生态系统,几乎无自净能力,导致水质恶化。

图 2-4　监测点位

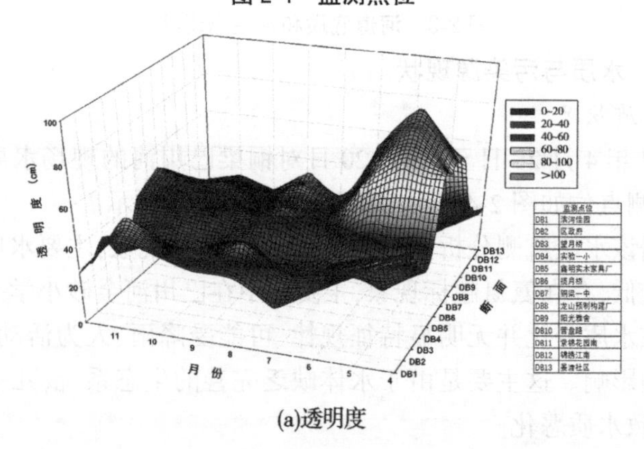

(a)透明度

图 2-5　2017 年不同月份各断面监测结果

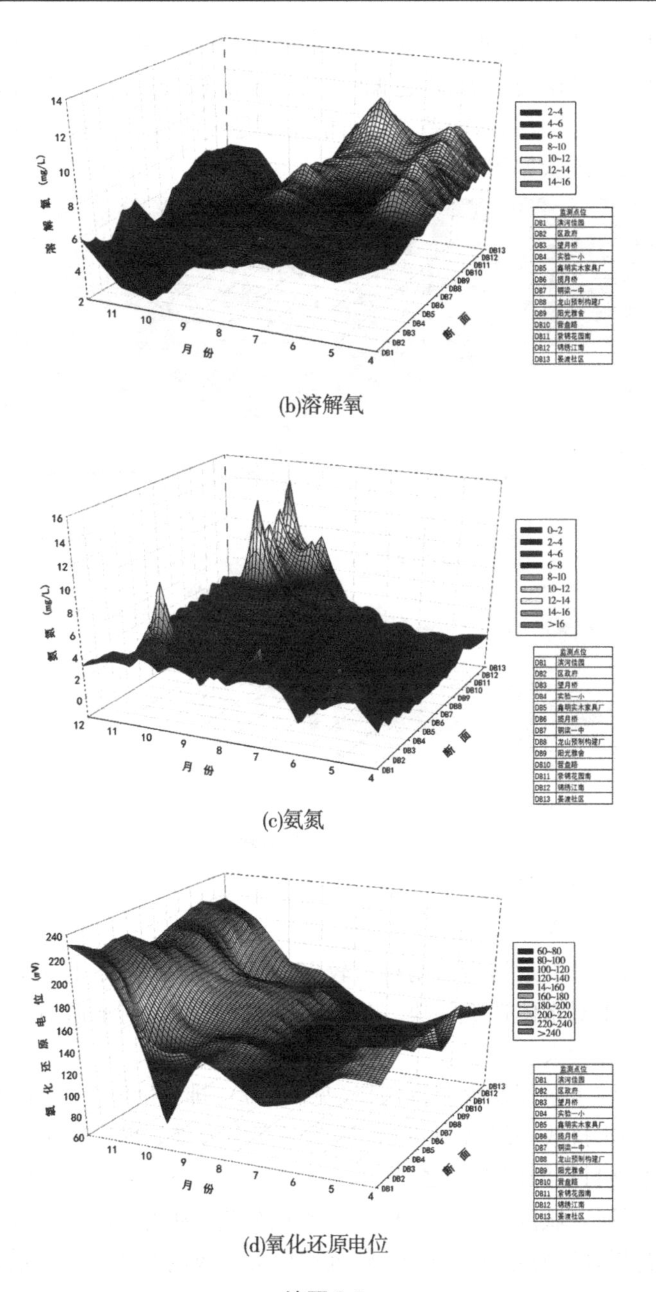

(b)溶解氧

(c)氨氮

(d)氧化还原电位

续图 2-5

现场调研表明,水体透明度总体不高,水色偏褐色,金砂小学下游起至两河口处藻类滋生,水色偏绿色,底质沉积“藻泥”上浮,在水面形成污染,水质感官明显较差。这可能主要是水体流动性差,污染物富集导致。水质现状见图 2-6。

图 2-6　水质现状

2. 污染源分析

1) 外源污染

巴川河及淮远河沿河雨排口较多,流域控制面积大,日常降雨特别是初期雨水对水体造成污染。经过实地考察,淮远河下游有一处雨水排水口水量较大。

淮远河下游还发现一排污口(见图 2-7),排放量约 5 万 m^2/d,已达到国家污水排放一级 A 标准,且后期一直作为排放口向河道内排放污水,为本项目外源污染源之一。

巴川河老城区河段两岸树木与水面较近,因此大量落叶直接落入河道,腐烂分解对水体产生污染,沉积后会形成内源污染。目前有工人

(a)雨排口

(b)排污口

图 2-7　排污口现状

每天打捞落叶减缓污染，但仍会对水质造成影响。

2) 内源污染

项目范围内河段具有一定的内源污染，局部藻泥会上浮造成水面污染，见图 2-8。

图 2-8　内源污染现状

3. 不同河段问题分析

根据现状调查及资料汇总，现巴川河及淮远河主要水质问题是水体混浊，氨氮超标。不同河段问题分析如下：

(1) 小北海水库—金砂小学段：水生态系统群落单一，未形成完善食物链，水生态系统脆弱，抵御外源污染能力差。现由于小北海水库水质较好，未造成污染。

(2) 金砂小学—明月闸段：无水生态系统，缺乏自净能力，水质总体较差，水色呈黄绿色，偶有腥臭，水面漂浮油渍，尤其明月寺—仙鱼桥段严重。两岸树木较多,尤其古城区仙鱼桥至明月闸段,树木茂盛,水体光照强度较弱。水体透明度低,水体流动性差。

(3)明月闸—龙门闸段:无水生态系统,缺乏自净能力,氨氮超标,水色呈黄绿色,水体透明度低。

(4)龙门闸—两河交汇段:无水生态系统,缺乏自净能力,氨氮超标,河水呈绿色,水体透明度低,两岸滩地杂草较多,且长有外来物种水花生。

(5)淮远河:除三星翻板闸至金龙大道段两岸呈生态护坡外,其余段基本为硬质驳岸,水色偏褐色,水面有漂浮油渍。

(6)巴川河南支流:两岸呈硬质驳岸,现状水量较少,河道野生植物冗杂。

第3章　城市河流污染源头阻控技术

3.1　概　述

河流生态综合治理是指使用综合方法,使河流恢复因人类活动的干扰而丧失或退化的自然功能。河流生态治理的任务:一是水文条件的改善,二是河流地貌学特征的改善。水文条件的改善包括:通过水资源的合理配置维持最小生态需水量;通过污水处理,控制污水排放以及提倡清洁生产改善河流水质;通过水库的调度,除满足社会需求外,还应尽可能接近自然河流脉冲式的水文周期等。河流地貌学特征的改善目的是改善河流生态系统的结构与功能,标志是生物群落多样性的提高,与水质改善为单一目标相比更具有整体性的特点,其生态效益更高。主要包括:尽可能恢复河流的纵向连续性和横向连通性,尽可能保持河流纵向和横向形态的多样性,防止河床材料的硬质化等。

城市河流生态治理的主要技术,是利用生态工程学或生态平衡、物质循环的原理或技术方法,改善受污染或受胁迫生物的生存和发展状态。按照生态学“源—径—汇”基本原理,河道治理修复技术包括:“源”—污染源头阻控技术、“径”—污染路径阻控技术(如河岸带生态治理技术)、“汇”—污染水体净化技术(包括理化净化和水体生物修复)等三大类;从技术种类上来分,又包括水质恢复技术、生物修复技术、底泥修复技术、污染源阻控技术等几大类。

所谓污染源头阻控技术,是指采用城市控污阻污措施对城市化产生的污水进行吸收、拦截、传输、净化,尽可能减少废污水进入城市河流,主要包括城市污染海绵吸蓄技术、污水管网联合调控截排技术、溢流污水阻控技术等。

3.2 城市污染海绵吸蓄技术

海绵城市主要是指通过“渗、滞、蓄、净、用、排”等多种技术途径，实现城市良性水文循环，提高对径流雨水的渗透、调蓄、净化、利用和排放能力，维持或恢复城市的海绵功能。

建海绵城市就要有“海绵体”。城市“海绵体”既包括河、湖、池塘等水系，也包括绿地、花园、可渗透路面这样的城市配套设施。雨水通过这些“海绵体”下渗、滞蓄、净化、回用，最后剩余部分径流通过管网、泵站外排，从而可有效提高城市排水系统的标准，缓解城市内涝的压力。在此不详细阐述海绵城市系统，主要涉及与污染源头吸收、调蓄、阻控等技术，包括雨污初期调蓄技术、下凹式绿地净化技术及人工湿地净化技术。

3.2.1 雨污初期调蓄技术

为解决由于高浓度雨污混合水污染物对城市水体的污染，最有效的工程措施就是加大初期雨水的截流量从而削减直接排入水体的污染物量。雨污初期调蓄技术(见图3-1)是基于生态优先原则，结合自然方法和人工措施，利用调蓄池在降雨期间收集污染严重的初期雨水，雨停后将收集的雨水缓慢地输送至截流总管或栗站，最终进入污水处理厂，确保城市排水的安全和排水保护以及城市雨水的积累，促进雨水资源的利用和生态保护，从而减少初期雨水对城市河流的污染。雨污初期调蓄技术的主要功能就是截污纳污、调蓄水质、控制雨水径流污染、削减污染负荷，是当前用于城市排水系统溢流污染控制的主要技术之一，对保护水环境质量具有重要意义。

利用雨水调蓄池调节雨水径流在国内外城市雨水利用及其资源化的研究中有着相当长的历史，最初调蓄池主要用于蓄水、防洪等。20世纪60年代起，发达国家已开始重视雨水的利用与雨水资源化的研究，并且制定了一系列有关雨水利用的法律法规。20世纪80年代，世界各地悄然掀起了雨水利用的高潮，国际雨水收集协会应运而生。

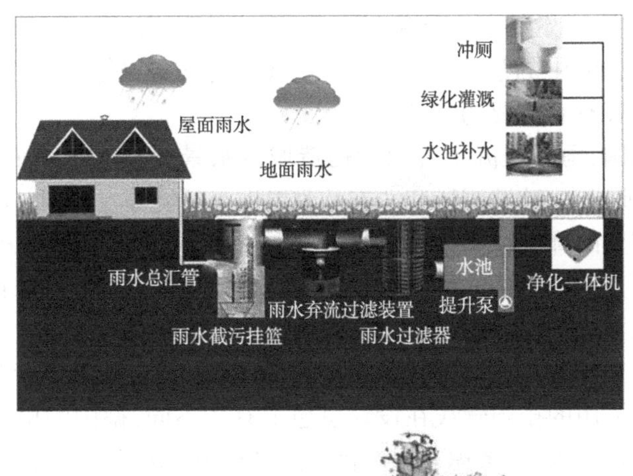

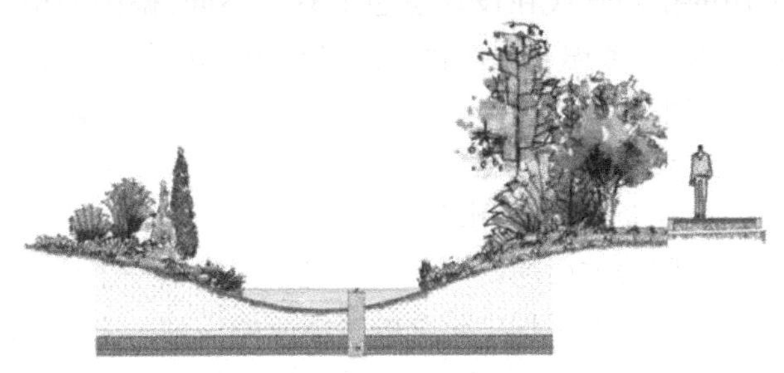

图 3-1 雨污初期调蓄技术

2003年8月在墨西哥城举行的第11届会议上提出了"如何利用有效的雨水利用达成新绿色革命及永续发展"的主题。

国外学者对调蓄池用于削减城市初期雨水径流污染展开了试验和研究,从调蓄池的容积、位置选取、截留效应等入手,设计的调蓄构筑上注重减少溢流水量,结合沉淀、撇清等去除污染物的功能,以降低初期雨水径流的污染负荷,该项技术逐步成为发达国家用来控制初期雨水径流和合流污水溢流污染的有效措施之一。近年来,初期雨水径流调蓄池技术在欧美一些发达国家的城市中得到成功应用。如德国、美国、日本等国家已开发出多种类型的雨水调蓄池,其中德国的屋面雨水调蓄池、美国的初期雨水调蓄池、日本的多功能雨水调蓄池应用较为广泛。美国环境保护局通过制订水污染治理战略措施,对调蓄池技术应用进行了具体的规定,研究表明,初期雨水调蓄池是提高城市系统排水能力的一项有效措施，在合流制排水系统中截流去污效果明显，能有效削减雨水径流中的悬浮物(SS)、BOD、COD、重金属等污染物，对保护河流水环境有着重要的意义。

在德国，雨水径流主要用于构造城市水景观和人工水面、灌溉绿地、补给地下水、冲洗厕所和洗衣及改善生态环境等。德国一般将来自不同面积上的降水径流分别收集，对来自屋顶等的径流稍加处理或不经处理即直接用于冲洗厕所、灌溉绿地或构造水景观等；对来自机动车道等面积上的径流，则要处理达标后方可排放。德国径流的传输主要有两种形式，即地下管道传输和地表明沟传输。其中，地下管道传输与我国通常采用的排雨管线在设计思想上有所不同，德国的雨水管线不仅考虑传输雨水，还考虑了用作暂存雨水和缓解洪峰的功能，表明地沟传输则是德国城市的风景之一。就新法规方面而言，德国有严格的法律规定，要求新建或改建开发区，开发后的径流量不得高于开发前的径流量，迫使开发商必须采用雨水利用措施。

我国在雨水调蓄方面的研究起步较晚。国内第一个调蓄池是在上海苏州河综合治理二期工程中建立的梦清园调蓄池。上海市政工程设计研究院、上海市城市排水市中运营有限公司、华东师范大学等单位针对其运行效能及其环境效应等开展了大量的研究。近年来，我国很多城市相继开展了城市排水系统中初期雨污调蓄池的试验研究和运行管理，同济大学谭琼等应用计算机模型评估了上海世博园区初期雨水调蓄池的运行效率；20 世纪 90 年代以后，我国特大城市的一些建筑物已建有雨水收集系统但是没有处理和回用系统。例如上海浦东国际机场航站楼已经建有雨水收集系统用来收集浦东国际机场航站楼屋面雨水，航站楼屋面各组成部分的水平投影面积为 17.62 万 m^2。该面积远大于伦敦世纪圆顶的面积，在暴雨季节收集雨量为 500 m^3/h，这些雨量能被有效地处理和加以利用，比处理轻污染的生活污水更经济、简便易行。2000 年国家科技部与德国联邦教育及研究部合作开展“北京城区雨洪控制与利用技术研究示范”项目，选择了五种建设模式、六个不同的雨洪利用工程示范小区和一个雨洪利用中心试验场，工程建设总面积达 60 hm^2。梁俊涛等对昆明市第二污水处理厂建立的雨污联合调蓄系统进行研究,表明工程最合适的调蓄容积标准为可以有效截流暴雨期间产生的雨污合流污水,并截留大量的污染负荷。近来我国对初期雨水调蓄池环境效应的研究主要集中于工程设计之初的经验匡算和数学模型模拟计算方面,实际运行数据的验证还比较缺乏,这方面的工作还有待进一步深化。

雨污初期径流调蓄池在不同的城市排水体制中发挥的功能不同,在分流制排水系统中是一种雨水收集设施,在合流制排水系统中是一种雨污混合污水收集设施。在分流制排水系统中,雨水初期径流调蓄池的主要功能为储存水质较差的雨水初期径流,在降雨过后再输送至污水处理厂,故通常又称之为雨水池、储存池、水池等。在合流制排水系统中,调蓄池的功能主要是储存污水,提高合流制系统截流倍数,达到保护受纳水体的作用。排水系统的调蓄量越大,截留量越大,污水的排放量就越小。

通常在实际运用中,按实际需求和建造位置的不同,调蓄池分为地下封闭式、地上封闭式和地上敞开式三种类型。地下封闭式调蓄池一般都运用于城市社区、建筑群、道路等雨水径流的收集,在一些用地紧张的大城市应用较多,但工程建设费用较高;地上封闭式调蓄池一般应用于收集屋面降雨径流,占地空间较大;地上敞开式调蓄池充分利用自然条件优势,主要用于收集公共的开阔区域如公园、城市路面等初期雨水径流。

结合城市排水系统体制的差异以及雨水调蓄池与排水管道的连接方式不同,调蓄池的设置和运作有在线和离线两种状态,其中在线的调蓄池有两种情况:一种是拦截径流,降雨初期调蓄池的出水阀关闭,雨水径流直接流入调蓄池,直至调蓄池储满关闭进水阀,一部分雨水溢流直接进入水体,降雨过后出水阀打开,储存在调蓄池内的雨水径流通过污水管道缓慢输送至污水处理厂;另一种是持续放流,雨水径流储存和排放同时进行,调蓄池储满后即刻排放。离线状态调蓄池在运作过程中,如径流量没有超过溢流井容量则不使用,只有待雨水径流量超过排水系统的溢流井的设计规模,雨水径流溢流至调蓄池,直至调蓄池储满,降雨过后,储存在调蓄池内的雨水径流通过污水管道缓慢输送至污水处理厂。

调蓄池水量的大小直接影响污水处理厂的运行负荷,影响了不经过处理直接排入水体的污水量。目前许多国家都有了成熟的调蓄池容积计算方法,我国于2017年颁布了《城镇雨水调蓄工程技术规范》(GB 51174—2017)。上海中心城区各大初期雨水调蓄池参考了德国废水协会《合流污水系统暴雨削减装置设置指南》(上海市政工程设计研究院)的标准计算调蓄池容积。

截留倍数是指被截留的部分雨水量与晴天污水量的比值,其大小直接关系到城市排水系统的溢流污染程度,截留倍数越大,则被截留的雨水量越大,产生的溢流量越小,对城市河流的污染程度也越小。截留倍数的设计主要由调蓄池水量与晴天污水量来确定,通常增加截流倍数意味着调蓄池的容积增大,污水处理厂的处理能力增强,因此截留倍数的设计要根据实际的溢流污染控制要求和实际的经济能力来确定。

降雨特征是调蓄池设计和运作的重要影响因子,对一个城市多年的降雨量、降雨强度、降雨历时、降雨类型等资料的了解是设计雨水调蓄池的有效依据,降雨特征决定了调蓄池的截留量和对污染物的削减率。在年降雨量较小时,调蓄池对雨水径流污染物的削减量均随着年降雨量的增加而减小;当年降雨量较大时,全年降雨事件分布越分散,调蓄池所发挥的环境效益越大。降雨强度是决定溢流事件发生的重要因素,也直接影响了调蓄池截留量和削污率。

3.2.2 下凹式绿地净化技术

城市绿地是城市生态环境的重要组成部分,在过去的城市绿地系统规划、设计和建设中更多的是重视其景观效果和休闲价值,而对其在雨水收集和面源污染控制中的作用重视不够,且未对其展开深入和系统的研究。随着使用城市绿地收集处理初期雨水径流频率的提高,在城市绿化建设中只要对绿地加以设计和处理,不仅可以发挥绿化效果,还可以增加其消纳雨水、减少洪峰、控制污染的重要作用,这就是将绿地建设成为下凹式绿地。

下凹式绿地调蓄净化技术(见图3-2)是一种特殊结构的绿地——

绿地高程略低于路面高程、雨水口设在绿地内且高于绿地高程，也称低势绿地。与“花坛”相反，其理念是利用开放空间承接和储存雨水，起到减少径流外排的作用，一般来说低势绿地对下凹深度有一定要求，而且其土质多未经改良。与植被浅沟的“线状”相比其主要是“面”能够承接更多的雨水，而且其内部植物多以本土草本为主。下凹式绿地调蓄净化技术具备调节池和植被缓冲的双重作用，在城市中的应用可以有效解决各大城市生态环境问题，主要有补充地下水、调节径流、滞洪和削减雨水径流污染物的作用。与其他面源污染治理技术相比较，下凹式绿地具有透水性能好、建设成本低、截留和净化作用强、对城市雨洪的拦截作用好等优点，是控制雨水径流面源污染的重要途径之一。研究表明，下凹式绿地有三大优点：

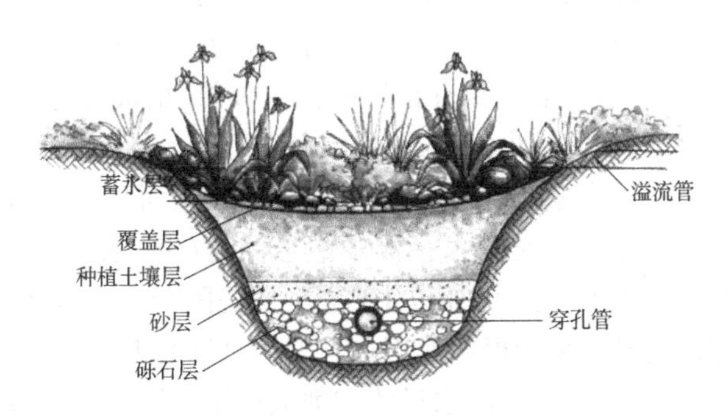

图3-2 下凹式绿地调蓄净化技术

一是减少城市的洪涝灾害，增加土壤水资源量和地下水资源量，减少绿地的浇灌用水。有人测算，若把绿地建成下凹式，当下凹的深度为

10 cm 时，则对一年一遇或时而降下的大雨径流将 100%地被拦蓄在绿地内；对于大雨或暴雨也可拦蓄 80%左右。由于下凹式绿地拦蓄大量的地表水，随即又转变为土壤水和地下水，增加了土壤水资源量和地下水资源量，因而绿地的浇灌用水量也相应减少。

二是减少城市河湖的水质污染和淤积量，增加绿地的土壤肥力。由于城市空气受到污染，通过雨水的淋洗作用把空气中的污染物带到地表，再通过雨水冲洗把城市地表各种污染物带到河湖水体，影响了水环境景观和水体生态环境。另外，河湖的淤积还会影响调蓄洪水的能力及河渠的排放能力。建造下凹式绿地后，绿地作为一个沉砂和污水的土地处理系统，可以将固体污染物大量沉积在绿地并促使有机污染物在绿地内得到净化，既可转变成园林植物的营养物质且增加绿地的土壤肥力，还可以消除有机污染物残留对人体的影响。

三是当今道路的雨水口设在路边，雨水井盖常常被人盗走，形成人为的陷阱，伤人事故时有发生。若是建成下凹式绿地，雨水口设在绿地内，即使采用一个简易的雨水井盖也不便被人盗走，还可以避免伤人事故的发生。

国外自 20 世纪 70 年代起已开始利用各种类型的绿地来蓄渗地表径流和削减径流污染。Maestri 等研究认为植被控制、湿式滞留池、渗透系统、湿地系统及其组合系统是减少和控制路面雨水径流污染物进入受纳水体较为有效的方法。Yousel 等研究表明，植草渠道对重金属尤其是呈离子状态的重金属有很好的截留效果，植被缓冲带能有效削减城市雨水径流中的污染物。通过比较下凹式绿地与普通公园绿地去热效果发现，下凹式绿地中的反硝化速率较高，从而减少了熵态热对地下水的污染；生态绿地对雨水径流中的悬浮物（SS）去除率很高，过滤后对 SS 的去除率可达到 90%以上，这主要是因为生态绿地的滤层能够高效截留，同时植物的根系作用也会增强过滤效果。

屋面绿地在调蓄城市雨水径流和削减径流污染中的应用在国外得到广泛推广。美国环境保护局 2009 年在屋面绿地控制降雨径流污染物报告中指出，屋面绿地可以截留降雨径流中近 50%的污染物。研究表明，若在美国华盛顿 20%的建筑中建设了屋面绿地系统，每年将会储存百万升的雨水资源;德国柏林屋面绿地每年截留降雨径流中 26% 的磷酸盐,且绿地"年龄"的增加截留量也随之增加;在美国北卡罗莱纳州,屋面绿地"年龄"越大,降解污染物的功能越强。

我国近年来城市绿化建设取得长足进展,城市绿地调蓄和净化雨水径流方面的研究亦日益成为热点,尤其是具备特殊生态环境功能的下凹式绿地在近年得到高度的重视。张建林等通过对云南昆明市下凹式绿地调蓄路面雨水径流效应的研究表明,路面雨水径流通过下凹式绿地表层土壤的渗透净化作用,径流中的污染物去除效果很好,能大大减轻路面雨水径流中污染物对地下水的污染,在我国南方城市具有很好的效果和广泛的适用性。聂发辉等根据城市区域多年降雨资料,运用概率分析法估算一定下凹深度绿地的年雨水渗蓄效率,对上海市年降雨资料分析得出,下凹式绿地对控制城区面源污染具有良好的效果。

下凹式绿地的作用机制是:当降雨发生时,下凹式绿地便开始集蓄降雨径流,当降雨变强,产生的城市地表雨水径流汇集后进入下凹式绿地,在道路或路面与绿地之间设立格栅截留和捕获颗粒物大的污染物质,进入绿地后雨水径流中的污染物一部分被植物截留和吸收,一部分被土壤吸附和微生物作用降解,同时雨水径流在绿地区域内下渗和蒸发;当降雨量足够大的时候,绿地将被充满,甚至发生溢流,一部分径流通过绿地中的雨水口或排水管进入污水处理设施经过净化处理后排入受纳水体;在一些大的降雨事件中,部分溢流出的城市径流污水直接进入受纳水体。同时,下凹式绿地调蓄和净化技术中下凹式绿地构成一个小型调节池,具备调节池的截留沉淀功能,其绿地地面到雨水口的顶部起着集蓄径流作用,在雨水口至路面的高程差为滞留径流部分;同时绿地系统作为一种处理污水的天然土地处理系统,其覆被植物、土壤、微生物发挥着净化雨水径流的重要作用,其覆被植物通过物理截留、植物吸收、蒸发等机制有效去除雨水径流中的污染物,在其去污功能中占据了重要的作用,绿地中土壤主要发挥着渗滤、沉淀、截留和吸附的重要作用,微生物的吸附降解也是绿地系统去污的重要环节。

下凹式绿地调蓄和净化雨水的效率与绿地结构、绿地面积比、绿地下凹深度、绿地土壤入渗速率、绿地植物种类有关。

下凹式绿地结构形态主要依据所在区域的城市绿地类型、绿地功能以及雨水径流的特征等因素,以一定的结构配置。在设计每一个下凹式绿地结构时,绿地与周边区域和雨水口的高程差的调节非常关键,即要满足路面高于绿地,雨水口设在绿地中或周边区域处,其高程低于路面而高于绿地。在一些坡度适合的道路附近,可以直接利用路面的优势将道路表面产生的雨水径流汇入下凹式绿地,待绿地蓄满水后再通过溢流口或道路溢流。

绿地面积比是指该区域中绿地所占面积的比例。面积比越大,其调蓄和净化雨水初期径流污染的能力越强。研究表明,一般情况下,下凹式绿地面积比设计为10%~30%。为充分发挥绿地的生态环境功能,加强下凹式绿地的建设,增加下凹式绿地面积比是推广和使用下凹式绿地调蓄净化技术的前提,更是该技术作为处理雨水初期径流污染的一项重要技术的优越性体现。

绿地下凹深度是指绿地下凹的程度,可通过绿地最低位置与雨水口或与地面之间的高程差来计算。绿地下凹深度愈大,下凹式绿地调蓄和净化效果愈明显,起到调蓄净化雨水初期径流的作用愈大。但是由于绿地的景观需要,考虑到植物的耐淹时间,为保证植物的正常生长,每个下凹式绿地工程的建设都要有一个适宜的下凹深度。设计暴雨条件下下凹式绿地减洪效果的模拟计算结果表明,在设计下凹式绿地时,一般需将绿地低于路面5~10 cm,才能对暴雨的洪峰流量起到明显削减作用。研究表明,下凹式绿地具有狭义和广义之分,广义的下凹式绿地泛指具有一定的调蓄容积(在以径流总量控制为目标进行目标分解或设计计算时,不包括调节容积),且可用于调蓄和净化径流雨水的绿地,包括生物滞留设施、渗透塘、湿塘、雨水湿地、调节塘等;狭义的下凹式绿地指低于周边铺砌地面或道路在200 mm以内的绿地,应满足2点要求:下凹式绿地的下凹深度应根据植物耐淹性能和土壤渗透性能确定,一般为100~200 mm;下凹式绿地内一般应设置溢流口(如雨水口),保证暴雨时径流的溢流排放,溢流口顶部标高一般应高于绿地50~100 mm。

绿地土壤入渗速率是单位时间内单位面积绿地土壤的入渗水量。

城市绿地的土壤大多数都属于“扰动土”,所以绿地土壤的入渗速率是影响下凹式绿地调蓄和净化技术的重要参数之一。随着土壤入渗速率的增大,对雨水径流的蓄渗能力增强,削减污染物能力也加大。而绿地土壤的入渗速率的影响因素很多,如土壤表面特征、土壤含水率、土壤类型、土地利用方式、降雨径流特征、人为干扰等,这样使得不同结构质地的土壤、不同植被覆盖的绿地土壤入渗速率有着显著的差异。

下凹式绿地在城市中的应用是一个集汇水、净化、景观功能于一体的系统工程,应注意绿地植物群落的有序结合,避免杂乱无章的生硬堆积;在下凹式绿地技术的应用中,绿地植物的选择是这一技术发挥其生态环境功能的重要步骤,尤其是要结合地域特征,选取的植物应满足适应性强、生长速度快、生物量大的特点,这样既有利于及时吸收水分,又有利于削减洪峰,而且便于管理;另外,植物的密度、耐淹时间都是其参考的重要指标。

3.2.3　人工湿地净化技术

湿地是由水、永久性或间歇性处于水饱和状态下的基质,以及水生生物所组成的一种具有独特结构和强大功能的生态系统,对于保护生物多样性、改善自然环境、保护和净化水质具有重要作用。在污水净化方面,湿地被认为是“天然的污水净化器”,然而自然湿地资源是非常有限的,为充分发挥湿地的强大生态功能,研究和建立人工湿地生态系统(见图3-3)成为环境污染治理,尤其是面源污染治理的重要举措。

人工湿地是由人工建造和控制运行、与沼泽地类似的地面,将污水、污泥有控制地投配到经人工建造的湿地上,污水与污泥在沿一定方向流动的过程中,主要利用土壤、人工介质、植物、微生物的物理、化学、生物三重协同作用,对污水、污泥进行处理的一种技术。其作用机制是通过湿地自然生态系统中的物理、化学和生物作用,包括吸附、滞留、过滤、氧化还原、沉淀、微生物分解、转化、植物遮蔽、残留物积累、蒸腾水分和养分吸收及各类动物的作用,达到废水处理的目的。与传统的污水二级生化处理工艺相比,具有净化效果好,去除氮、磷能力强,工艺设备简单,运转维护管理方便,能耗低,对负荷变化适应性强,工程建设和

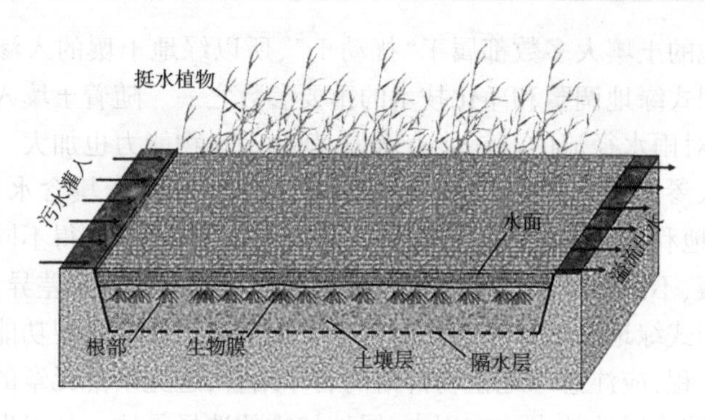

图 3-3　人工湿地净化技术

运行费用低,出水具有一定的生物安全性,生态环境效益显著,可实现废水资源化等特点。

自德国 1974 年建成第一座人工湿地以来,人工湿地得到了迅速的发展。研究表明:植物的吸收成为除氮的主要方式,垂直流人工湿地系统用于处理高氨氮污水,平均去除率可达 93. 4%;美国田纳西州人工湿地系统试验在不同水力负荷下对氨氮、总氮的去除规律研究表明,二级系统氨氮去除率较一级系统高 20%~50%,周期性落干可提高氨氮的去除率,水力停留时间的增长可以改善总氮的去除效果;日本渡良濑修建的人工芦苇湿地不仅使得蓄水池水质得到明显改善,而且水体生物多样性也有所恢复,在使用表面流人工湿地处理农田径流污染时发现,砂质基质层比黏土基质层对磷的吸收效果更为明显。

我国人工湿地技术始于"七五"期间,近年来人工湿地技术在我国被广泛应用于面源污染控制及生活污水、垃圾场渗滤液、采油废水、啤酒废水、制浆造纸废水等的处理。江帆等结合人工湿地存在的问题和试验的实际情况,设计了一套新型人工湿地——折流式人工湿地床与氧化塘组合,将其用于雨水径流的处理,通过试验证明其具有良好的处理效果且运行效果稳定;魏俊等设计了组合式人工湿地在修复重庆市清水溪水质中取得了良好的效果。目前,人工湿地被作为二级处理设施,处理城市废水和工业废水已比较成熟。针对雨水径流污染的特点,人工湿地用于处理雨水径流污染的研究也日益增多,并被认为是控制雨水径流面源污染的有效途径。

人工湿地分为水平流和垂直流两种类型,其剖面如图 3-4 所示。基本做法是:用人工筑成水池或沟槽,底面铺设防渗漏隔水层,填充一定深度的土壤或填料层,种植芦苇一类的维管束植物或根系发达的水生植物,污水由湿地的一端通过布水管渠进入,以推流方式与布满生物膜的介质表面和溶解氧进行充分的植物根区接触而获得净化。

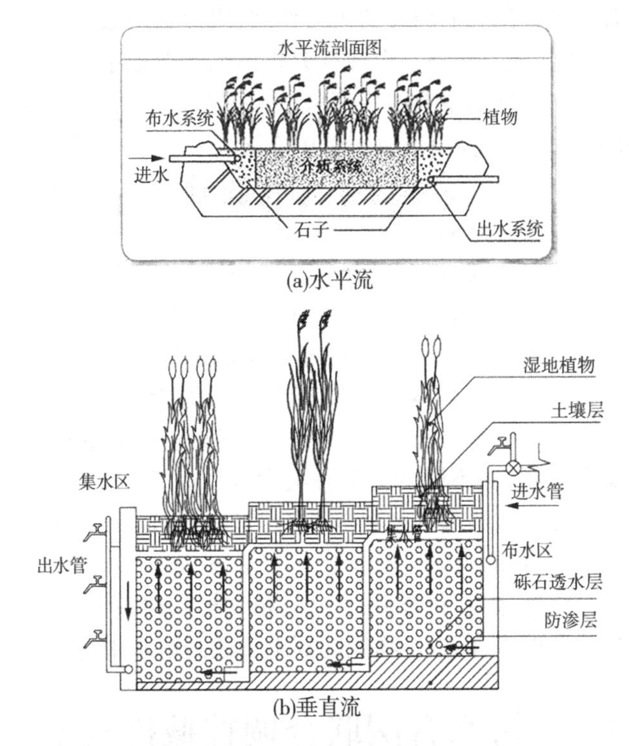

(a)水平流

(b)垂直流

图 3-4　水平流和垂直流湿地剖面图

污水进入湿地系统,污水中的固体颗粒与基质颗粒之间会发生作用,水流中的固体颗粒直接碰到基质颗粒表面被拦截。水中颗粒迁移到基质颗粒表面时,在范德华力静电力下以及某些化学键和某些特殊的化学吸附力作用下,被黏附于基质颗粒上,也可能因为存在絮凝颗粒的架桥作用而被吸附。此外,由于湿地床体长时间处于浸水状态,床体很多区域内基质形成土壤胶体,土壤胶体本身具有极大的吸附性能,也能够截留和吸附水中的悬浮颗粒。通过对污染物的物理沉淀使固体在湿地中重力沉降去除、过滤，通过颗粒间相互引力作用及植物根系的阻截作用使可沉降及可絮凝固体被阻截而去除；利用悬浮的底泥和寄生于植物上的细菌的代谢作用将悬浮物、胶体、可溶性固体分解成无机物；通过生物硝化—反硝化作用去除氮；通过植物对有机物的吸收和根系分泌物对大肠杆菌和病原体的灭活作用，吸收相当数量的氮和磷，每年收割一次，可将氮、磷吸收、合成后分移出人工湿地系统。

植物是人工湿地的重要组成部分。人工湿地根据主要植物优势种的不同，分为浮水植物人工湿地、浮叶植物人工湿地、挺水植物人工湿地、沉水植物人工湿地等不同类型。湿地中的植物对于净化污水的作用能起到极其重要的影响。首先，湿地植物和所有进行光合自养的有机体一样，具有分解和转化有机物及其他物质的能力。植物通过吸收同化作用，能直接从污水中吸收可利用的营养物质，如水体中的氮和磷等，水中的铵盐、硝酸盐以及磷酸盐都能通过这种作用被植物体吸收，最后通过被收割而离开水体。其次，植物的根系能吸附与富集重金属和有毒有害物质。植物的根茎叶都有吸收富集重金属的作用，其中根部的吸收能力最强，在不同的植物种类中，沉水植物的吸附能力较强；根系密集发达交织在一起的植物亦能对固体颗粒起到拦截吸附作用。再次，植物为微生物的吸附生长提供了更大的表面积。植物的根系是微生物重要的栖息、附着和繁殖的场所，植物根际的微生物数量比非根际微生物数量多得多，而微生物能起到重要的降解水中污染物的作用。

3.3　污水管网联合调控截排技术

污水管网主要由污水管道、污水站、污水检查井等组成，是一个城市重要的基础设施，是市政管网的重要组成部分，它像一个城市的脉络，在城市的建设与发展中起着重要的作用。国外一些发达国家非常重视市政管网建设，排水管网的普及率比较高，一些发达城市如伦敦、巴黎、东京等排水管网的普及率达到100%。随着城市化进程的不断加快，如何设计出满足城市污水排放和收集的管网系统或优化现有混合污水管网系统，成为摆在市政建设工作者面前的重要任务。

由于污水管网覆盖城市的每个角落，牵连着居住在城市的每户人家，技术工程量大，其管道、站、截留设施、污水处理厂等的建设需要投入大量的人力、物力和财力。加上技术实施条件限制多，造成重复建设和资源浪费。当前很多城市都存在着"重道路、重供水、轻排水"和"重建轻管"的发展思路，主体建设时未重视修建排水管网，城市建设中没有配套完善的地下排水系统。这种排水管网建设的严重滞后性和缺乏系统性，致使雨污混流问题已积重难返，同时还造成重复建设和资源浪费。因此，污水管网联合调控技术是市政建设中截污工程的重要任务和首要目标，也是雨污混合排水的城市点源污染控制最直接有效的措施，在城市河流污染控制与治理中发挥着重要的作用。

污水管网联合调控技术是根据城市管网建设与整体规划，设定混合管网优化目标、构建模型、运用最优化理论与方法、设计合理的技术参数、确定适合的工程建设施工与管理运行的技术方案，力求达到混合管网投资运行费用低、稳定性强、功能效果佳的管网运行状态，从而将城市排放的污水，以最佳状态输送到污水处理厂，是污染控制最直接有效的技术之一，也是改善城市人居环境，提高城市文明程度、保证城市经济可持续发展的重要举措。

20世纪60年代，一些发达国家，如美国、日本以及西欧的一些国家就在排水管网和水处理工程中建立了数学模型，并成功研制了各种软件用于给排水管网系统优化的辅助设计和自动化运行管理，取得明显的实效。我国市政污水管网建设较发达国家起步较晚，市政管网优化技术主要经历了经典优化理论的应用、启发式算法的纵向发展、多方法优化的横向结合以及分级优化方法的应用等发展阶段。20世纪70年代以同济大学杨钦教授为代表的专家学者开辟了给排水管网系统优化设计的新领域，为全面开展排水管网系统的优化技术奠定了基础。近年来，通过借鉴国外经验，运用数理模型、计算技术以及研发计算机软件等优化方法，很多城市在污水管网的布置优化、设计优化和算法优化做了大量的研究与实践，大大提升了污水管网的排水能力，取得了前所未有的发展。刘海涛和李莉阐述了利用线性规划和非线性规划方法、动态规划法、直接优化法和遗传算法对已定平面布置的管道系统优化。污水管网联合调控技术在国内也得到广泛应用,如大型住宅小区污水管网施工技术(顶管施工法)的应用、广东开平市管网优化工程中的污水干管优化布置、施工方式的合理选择等措施取得了良好的效果。

常见的污水管网联合调控包括污水管网的布置优化、设计优化和算法优化,主要是解决管线的平面优化布置和已定平面布置下的管道系统优化设计。然而,它是一个多变量、多层次的复杂系统,在污水管网系统中,所排入的污水由污水支管流入干管,又由干管流入主干管,再由主干管流入污水处理设施,最后经过处理后排放至受纳水体或利用。整个管网截污、输送以及处理的过程是一个浩大的物理截污工程,因此污水管网联合调控是一个交叉学科问题,涉及最优化数学理论、经济学理论以及计算机软件研发等基本理论对管网进行优化,力求使管线最短,管道工程量最小,让最大区域的污水能自流排出,保障污水水流通畅且节省能量。

污水管网联合调控主要流程如下:

(1)开展区域排水系统的调查。了解区域地形、道路规划、污水处理厂分布等基础资料。

(2)污水管网的定线及平面优化。管网定线要重点考虑输水管定线与干管定线的设计,对污水管线的位置和走向进行优化;管线平面布置优化的方法有决策图法、简约梯度法、优化树法、粒子算法等。

(3)优化污水管网的构成要件。将污水系统的各个构成要件(管道系统、截流设施、污水处理厂等)进行细化、组合、简化,将一个复杂的污水系统转换为既能有效反映污水管网的关键要素,又能定量表达和模拟优化的替代系统。

(4)建立数学模型、设立约束条件。运用数理分析及计算机软件等优化方法开展模型的检验和优化;管道系统参数优化的方法有线性规划法、非线性规划法、动态优化法、遗传算法、直接优化法等。

(5)工程实施。根据区域管网的建设或改造条件,选择最优化的施工技术。

(6)技术运行。形成完善、通畅的污水管网系统,达到控污效果。

污水管网的优化首先要保持污水排放畅通，因此城市污水流量的计算是管网优化的基础。为确保某地段混合污水管网的优化运行，必须要了解该段生活污水流量、转输流量（其他管道流入的污水量）、集中流量（包括工业企业废水污水流量和公共建筑污水流量），污水总流量为这三种流量之和；其次污水流速的设计有明确的约束条件，即在满足设计流速约束条件的前提下，选择一个尽可能小的设计流速是对设计参数进行优化选择的重要内容；管道系统的参数主要有管道管径、管道坡度（埋深）、管道充满度等，各相关参数相互影响、相互制约。在管网优化设计中，如果在已知污水流量和流速的前提下，为减少工程造价，一般会设计一个尽可能接近最大充满度、管径坡度（埋深）尽量小的管径，那么这个管径就是该优化条件下可以选择的最小管径。

3.4　溢流污水阻控技术

在合流制排水系统中，当遇到强暴雨时，大量雨水径流使得雨污水流量超过污水处理厂或污水收集系统处理能力时，超出的雨污水溢流至受纳水体，造成水体污染，超出的这部分溢流污水就称作合流制排水系统污水溢流（CSOs）。CSOs 未经任何处理而直接排放进入受纳水体，不仅会影响水体水质状况，同时对水生生物的正常生长产生影响，造成水体富营养化，大量的微生物排入水体也威胁水环境功能和人类的健康。因此，开展混合截污管网溢流污水阻控，削减污染对提升城市水环境质量具有重要意义。

CSOs 的污染问题在欧美等发达国家自 20 世纪 60 年代起就引起了广泛重视。如美国当时有的州是合流制排水系统，污水溢流的管理和控制成为美国环保署亟待解决的首要问题，并开展了大量的研究；日本有 192 个采用合流制的城市，合流制溢流污染问题也比较严重，因此成立了专门的合流制管道系统相关机构来研究 CSOs 污染的控制问题，截至 2005 年，所有的研究技术都被成功地测试并提议将其大规模地应用于整个日本。德国从 20 世纪 80 年代初到 90 年代就基本实现了对城市雨水溢流的污染控制，最典型的措施是修建大量的雨水池截流处理合流制的雨污水。经过长期发展,美国、日本、德国等发达国家已逐渐形成比较完善的 CSOs 污染控制技术体系,如最佳管理措施(BMP)、低影响开发(LID)、可持续排水系统(SUDS)等。我国的 CSOs 污染问题也逐步受到重视,针对溢流污染采取了一系列相应的治理措施。如上海在国内率先提出污染控制技术的研究,并在苏州河合流污水一期工程中建设了中国第一个地下调蓄池;广州市提出了在溢流井内设置过滤网格栅等八大对抗合流制污染的措施;武汉的主要中心城区旧城均是合流制排水系统,也提出提高截留倍数、建立雨水调蓄池等方法处理溢流污水。

溢流污水阻控技术是指通过源头控制和末端处理两个途径来消除、减少和处理污染物的污水阻控技术,是城市河流点源污染控制的有效措施之一。CSOs 的源头控制常用的方法有改造和完善混合截污管网、增加截留倍数、增设雨水收集系统、削减雨水流量,CSOs 污水末端处理用于控制或减少排入水体的污染物负荷量,主要方法有调蓄池、旋流分离器、絮凝反应沉淀池、消毒、微生物与湿地生态修复等一系列措施。

管网溢流污水经过源头控制后,污水直接进入污水处理厂,当溢流污水发生时,溢流进入调蓄池,晴天时返回污水处理厂处理;超出调蓄池存储能力的溢流污水,一部分进入旋流分离器和沉淀池中处理,旋流分离器和沉淀池的混合污水出流经过消毒后排放;超出旋流分离器和沉淀池处理能力的污水直接排放。各个流程中超出的污水可通过微生物与生态湿地进行净化处理后排放或再利用。

溢流污水阻控技术主要利用物理截留、物理分离、絮凝沉淀、化学消毒、生态修复等作用达到溢流污水净化的目的。物理截留贯穿在整个技术运行的过程中,如截污管网的改造、优化运行等,雨量的削减、雨水收集系统的建设、调蓄池、沉淀池等对污水的截流、分流等;旋流分离器利用高速旋转水流,使得污水中悬浮固体颗粒向流速较缓的中心部分运动,颗粒沉入底部,随着旋流分离器的底流流出,分离污水中的悬浮物;沉淀池是污水处理中常见的设施,主要利用沉淀作用去除污水中的悬浮物,一般投加混凝剂增加处理 SS 的能力。

调蓄池设计参数主要为体积、池形、进出水方式、池底结构、溢流方式等,其中调蓄池的体积是主要参数,因为池体水量的大小影响不经处理直接排入水体的污水量;旋流分离器的设计应考虑的因素包括降雨量、降雨强度、溢流水量、调蓄池容量、处理要求等;沉淀池的表面积是决定沉淀池处理能力的重要参数,面积越强,处理能力越强,处理效率就越高;绿地植物使用是这一技术发挥其生态环境功能的重要步骤,要充分结合 CSOs 污染特征和地域条件,选取适宜的植物类型、密度、灌溉要求等。

第4章 城市河岸带生态治理技术

4.1 概 述

河岸带(滨岸带)指水陆之间的过渡带,其范围是从河流水体边缘到陆生群落的边界,是一个典型的生态过渡带和相对脆弱带,又是高地植被和河流之间的桥梁。夏继红等认为,河岸带是一个完整的生态系统,除河水的影响区域和河岸植物外,还应包括动物和微生物,并且河岸带生态系统具有动态性。城市河流多采用大量钢筋混凝土挡墙或浆砌石的岸坡来代替天然泥土和植被,且河岸带很窄、坡度过大、植被类型单一,破坏了河岸作为连接水生态系统和陆地生态系统的纽带作用,导致河流生境遭受破坏和河岸带净化能力降低。

通过人为改造河岸带可以增强和恢复河岸带对污染物的去除功能。改造河岸带,建设生态滤岸增加净化能力,成为一项重要的课题,并引起了广泛关注。河流水利工程、护岸工程应尽可能融入生态元素,在工程结构中加入生态学设计,采取工程措施和植物措施相结合的技术手段,为水生植物的生长、水生动物的繁育和两栖动物的栖息繁衍创造条件,采用适合生物生存的生态材料,重建生境缀块;同时,通过生态廊道建设,将各分离的生境缀块相互连通,为生物提供更多的栖息空间。

河岸带生态治理技术是在明确修复目标和生物生活习性的基础上,通过设置鱼道、浅滩—深塘结构、恢复河岸覆盖物和设置乱石堆或丁坝等模拟水生生物所偏好的活动场所,恢复河道内栖息地的物理环境,营造近自然的生境。因此,河岸带生态治理技术不仅能保护河岸工程、紧缚土壤、防止河岸侵蚀、净化水质,还可以为动植物、微生物提供生息生存空间。该技术主要包括分散污染河岸带阻控技术、河道生态滤岸技术、河道生态护岸技术及河岸植被恢复技术。

4.2　散源污染河岸带阻控技术

对于一些远离污水处理厂、未纳入城市污水管网覆盖范围的污水排放点,如天然及人工河道排污口,高速公路、铁路、机场、机关、小区等场所,污水排放量虽小,但水质、水量波动大,且污染整治难度大,成为很多城市河流污染治理的隐患。近年来,分散点源污染越来越得到重视,大量的分散式点源污染处理技术(如图 4-1 所示)应运而生,如土地处理、地下渗滤及人工湿地等利用自然处理系统的技术,还有生物净化槽、移动床生物膜反应器、膜生物反应器等人工处理系统技术。因自然处理系统存在的堵塞问题成为制约其发展的重要原因,人工处理系统发展迅速、形式多样且应用范围更广。

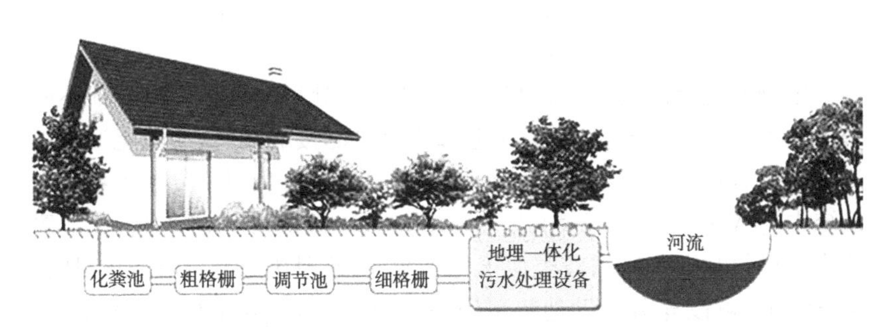

图 4-1　分散污染河岸带阻控技术

在国外,生活污水分散处理普遍采用传统的物理化学方法,如格栅、沉淀、化粪池、厌氧生物滤池等结合的工艺。如美国,对于居住比较分散的地域、广大农村等受地理条件和经济因素制约的地区,化粪池的应用最为广泛,并且在传统化粪池的基础上不断更新改进。对于小量分散点源污水的处理,发展集预处理、二级处理及深度处理于一体的小型污水净化装置已成为国内外污水分散处理发展的一种趋势。日本学者研发的小型净化槽主要采用厌氧滤池与接触曝气池、生物滤池或移动床接触滤池结合的工艺,用于处理混合生活污水,其出水水质达到

BOD_5<20 mg/L、TN<20 mg/L；挪威居民房屋分散且多建立在岩石上，发展了以间隙式活性污泥法（SBR）、移动床生物膜反应器、滴滤池技术结合化学絮凝除磷的集成式小型污水净化装置，一般微型处理设备对生活污水 BOD_5 和磷的去除率大于90%，对氮的去除率大于50%。

近年来，我国在分散式点源污水处理装置的开发、研制和应用方面也开始了一些有益的实践，许多环保公司和科研机构开发了各种形式的无动力、少动力或低能耗型集成化污水处理装置。朱根华等研发的生活污水厌氧处理装置，将厌氧滤池和兼性滤池相结合用于混合生活污水的处理，对 COD_{Cr}、BOD_5、SS 及色度的平均去除率分别为75.3%、64.3%、80.8%及50%。

分散污染河岸带阻控技术是指主要使用埋地式生物净化槽和河岸带绿地，利用污水厌氧、好氧处理工艺，发挥绿地的截留作用，对河岸带分散点源污水中的污染物进行处理的污水处理技术，主要包含沉淀、厌氧、好氧、消毒、截留等单元。其中净化槽的核心部分是厌氧单元，是污染物去除的主功能区。

生物净化槽的处理流程和构筑形式会因处理的分散污染特征不同采用的工艺略有差异，常见的工艺如厌氧过滤接触曝气、反硝化型厌氧过滤接触氧化、新型膜分离等。从过程机制上看，类似于废水生物处理系统中的A/O（厌氧、好氧）或A/A/O（厌氧、缺氧、好氧）工艺；从装置的构筑材料和形式来看较类似于化粪池，但处理功能上有所强化；从充氧方法上，可以充分借助地势采用跌水曝气技术，实现无动力要求、无运行费用压力、免值守维护。

城市河流分散污染河岸带阻控技术主要包含两个主体、五个部分，两个主体为地下埋藏净化槽和地上河岸带绿地，五个部分包含调节池、格栅渠、厌氧单元、好氧单元、截留区。分散污水进入处理区后，经格栅和调节池截留捕获大颗粒污染物，减轻对后续工艺的冲击负荷和水力影响；过滤后污水进入厌氧滤池，污水中有机物质经酸化水解作用被分解为小分子或可溶性物质，使其易被后续阶段微生物进一步降解利用；厌氧滤池出水经跌水式曝气充氧，其中未被去除的有机物质等进一步被微生物降解；出水进入河岸带绿地，起到污水的灌溉再利用以及净化截留等作用;最后,处理后的污水进入受纳水体。

其去污基本原理是:经格栅初步过滤的污水进入调蓄池后,一部分污染物沉淀了下来,剩余部分流经技术核心部分厌氧滤池;污水中有机物在酸性腐化菌或产酸菌的作用下水解、酸化,产生包括丁酸、丙酸、乙酸、甲酸和醋酸在内的各种有机酸,以及醇、氨、二氧化碳、硫化物、氢等物质,水解酸化后的污泥继续厌氧消化,产生甲烷、二氧化碳等气体,从而使污水中的有机物大量削减,未直接去除的有机污染物进入好氧单元;好氧单元采用跌水曝气技术,污水水流具有高程落差,利用好氧微生物代谢作用,进一步分解有机污染物;河岸绿化带对出水的污染物起着渗透、吸收、降解等物理、化学和生物的作用,达到进一步净化污水的作用。

分散污水种类复杂多样,水量和水质具有随机性大、不稳定的特点,无动力式生物净化槽技术可实现就地或就近处理,因此先区分处理对象是何种类型的污水,了解分散点源污水的水质水量特征,需要检测日常排放量的范围、污染物含量。设计流量越接近实际排放量,调节池的有效容积减小,则调节池的调节容积越大。此外,污水的排放时间越长,调节池的调节容积越大;反之则小。因此,对污水处理量较大的地点,一般采用实际排放量作为设计流量来考虑。

厌氧滤池是该工艺的核心,设计参数的正确选择是保证污水处理达标排放的关键,一般厌氧滤池的设计参数主要有容积负荷、污泥负荷、填料负荷、停留时间等;爆气技术也是生物净化槽发挥功能的重要环节,曝气除向水中提供充足的溶解氧外,其另一个主要作用就是将有机物、溶解氧传至微生物表面,使得微生物代谢完全彻底。很多小型生活污水生物净化槽处理装置采用膜片式微孔曝气器。在无动力生物净化槽中,跌水曝气复氧迅速,而且无须借助外力,系统仅需 0.4 m 的水头落差即可运行;绿地植物的选择使用是这一技术发挥其生态环境功能的重要步骤,在技术设计中,要充分结合分散点源污染特征和地域条件,选取的植物类型、密度、灌溉要求等都是其参考的重要指标。

4.3　河道生态滤岸技术

河道生态滤岸技术是指人类在河流的现有自然岸带基础上，根据现场条件和需要，对岸带的基质和生物进行改造，进而形成由渗滤基质、土壤和生物组成的生态处理系统，利用其物理、化学、生物三重协同作用，径流在其表面流动和在基质内渗透过程中，污染物被去除的一种技术。生态滤岸具有较强渗滤作用的生态岸带系统，当雨水径流流过时，利用其中土壤、滤料和生物的作用，而使径流中含有的污染物质被降解或吸附，从而起到净化雨水径流中污染物的作用。这种方法主要是在土地处理系统的基础上发展起来的，而较土地处理系统具有更大的容量和更强的处理能力，在当前面源污染控制中起到非常重要的作用。当前使用的生态滤岸技术主要包括植物缓冲带和含有人工或自然处理基质的渗滤系统，植物缓冲带主要应用于拥有较为宽阔面积的岸带，缓冲带的不同部位所起到的作用不同；岸边渗滤系统则主要应用于较为狭窄的岸带，一般是由表层介质（主要为植被）、表层土壤和不同厚度的渗透介质组成的，如图 4-2 所示。

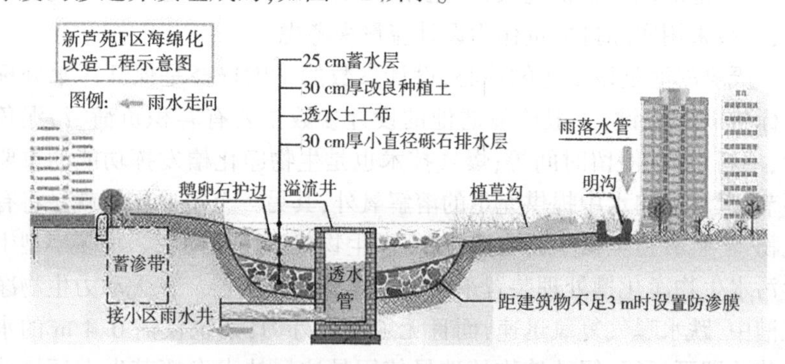

图 4-2　河道生态滤岸技术

河岸渗滤系统当前被广泛应用于雨水地表径流处理，在欧美国家有着较长的历史。河岸渗滤系统一般设立在河流冲积层上，为松散的粒状含水层，基质多采用河砂、碎石、鹅卵石、沸石以及部分植物残体等,表层颗粒物较细,一般为黏土、淤泥和植物。大量的研究显示,河岸渗滤系统可以处理地表水中的有机物、营养盐、藻类和重金属等物质,能有效改善河流富营养化带来的污染问题;Fuerhacker 等研究发现,河岸渗滤系统对 TSS、Cu、Zn、EPA、矿物油、氨氮、TOC 去除效率分别为85%、75%、73%、83%、93%、71%、52%。我国对渗滤系统在城市雨水径流污染处理中的研究工作起步较晚,但也取得了一定的进展,黄瑞华对氨氮在河岸渗滤系统的环境行为研究中,发现河岸渗滤系统对氨氮的净化能力较强,去除率达到 87%;冯绍元等采用多层渗滤介质系统对城市雨水径流污染物净化进行了研究,发现河岸渗滤系统对有机污染物的去除率达到50%以上。

在雨水径流产生过程中,雨水径流直接(漫流汇入)或通过收集系统(集水井、沟渠)进入植被缓冲带和岸边渗滤系统。在植物缓冲带中,下渗径流中的污染物在土壤和介质渗滤过程中发生吸附、植物的吸收以及微生物的降解,而在缓冲带的表面,植物的滞留作用导致地表径流的流速降低,污染物随颗粒物沉降作用而沉淀,流经缓冲带的雨水径流直接通过表面流和侧渗进入河流或通过垂直下渗进入地下水体。而在渗滤系统中,雨水径流在经过植物的吸收、土壤和介质的吸附以及微生物的降解作用后,汇集于渗滤系统下部的收集系统被排入河流。

4.4　河道生态护岸技术

生态护岸是水体和陆地的景观边界,是在特定时空尺度下,水、陆相对均质的景观之间所存在的异质景观。生态护岸在边坡形态稳定的基础上,生态系统能够自我运行并可自我修复;在自然条件下,护岸形态的分布通常表现为与水边平行的带状结构,在生态的动态系统中具有多种功能,主要表现在以下几点。

4.4.1　通道和廊道作用

护岸是水陆生态系统、水陆景观单元内部及相互之间生态流流动的通道。生态护岸是由生物和生境结构组成的开放式系统,与周围生态系统密切联系，不断与周围生态系统进行物质、信息与能量交换，且生态护岸是动态平衡的系统，系统内生物之间存在着复杂的食物链，具有自组织和自调节能力；同时是河流生态系统与陆地生态系统进行物质、能量、信息交换的一个自然过渡带，它是整个生态系统的一个子系统，并与其他生态系统之间相互协调、相互补充。

4.4.2 过滤和障碍作用

在水陆景观单元之间生态流的流动中，护岸犹如细胞膜起着过滤作用。护岸的障碍作用主要体现在植物树冠降低空气中的悬浮土壤颗粒和有害物质，地被植物吸收和拦阻地表径流及其中的杂质，降低地表径流的速度，并沉积来自高地的侵蚀物，保证岸坡的稳定，防止水土流失；有效截留吸附在沉积物上的氮、钙、磷和镁等，护岸带的泥土、生物及植物根系等可降解、吸收和截留地表下水中挟带的大量营养物质和农药，有研究表明 16 m 宽的河岸带可使硝酸盐浓度降低 50%，50 m 宽的河岸带则能有效地截留来自农田的泥沙和养分。

4.4.3 环境作用

生态护岸坡面的多孔隙结构形成不同流速带和紊流区，有利于氧从空气中传入水中，增加溶解氧，有助于好氧微生物、鱼类等水生生物的生长，促进水体自净；护岸把水体、水畔植被连在了一起，具有自已特有的生物和环境特征，是水生、陆生、水陆共生等各种生态位物种的栖息地；洪水和干旱在时间上和空间上的交替出现，沿水岸带创造了许多丰富多彩的小环境，为大量的植物、无脊椎动物和脊椎动物提供了生存和繁衍的空间、场所，同时也是许多水生、陆生生物某个生活阶段的停留处。

生态护岸常采用毛石、块石、方石、灌浆碎石、石筐、混凝土、草皮或其他透水材料加固河床，既可以保证河岸的稳定，又不会阻碍河道水体物种与岸边物质的交换。其中石材类河岸应用最广泛，成本相对较低；抗水冲击能力强的混凝土护坡在国内也很普遍，其特点是强度高、耐老化、稳定，但成本较高、渗透性差，与动植物等生态环境不能相容，对维护河流生态环境不利;石笼能根据要求进行目标固定、应用灵活,表层可以覆土种植草皮,近年来逐渐被应用于城市河流护岸工程,有助于河流和地下水相互调节,缓解暴雨对河岸的冲刷等,符合生态要求,具有广阔的推广前景;还有利用活的枝条插入河岸起到固定的作用,采用可透水材料生态砖、鱼巢砖、天然材料垫等。

随着生态护岸技术的发展,出现了生态混凝土(如图 4-3 所示)。它是一类特种混凝土材料,通过材料研选、采用特殊工艺制造出来的具有特殊结构与表面特性的混凝土,能减少环境污染负荷,与生态环境相协调。生态混凝土可分为环境友好型和生物相容型两类。环境友好型是指在生产和使用过程中可降低环境污染负荷的混凝土,生物相容型是指能与动物、植物等生物和谐共存的混凝土。生态混凝土具有比传统混凝土更高的强度和耐久性,能满足结构物力学性能、使用功能以及使用年限的要求,并且具有与自然环境的协调性,依靠其物理、化学及生物化学作用达到净水目的,减轻对地球和生态环境的负荷。

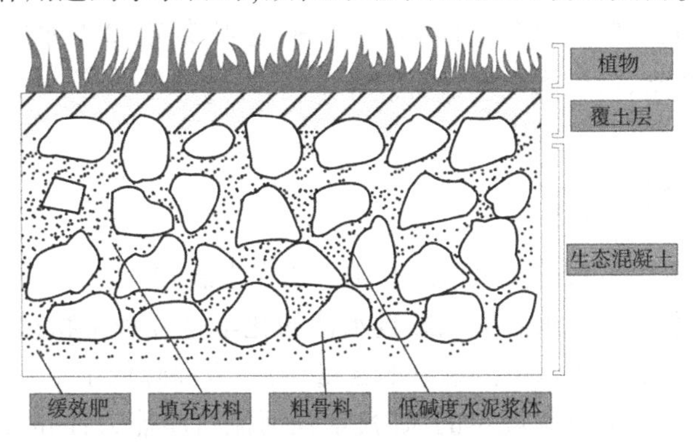

图 4-3　生态混凝土

河岸区的生态防护对于稳定河道生态系统、保护滨岸生境具有积极的作用。在河道岸区修建生态护堤,堤外种植 3~5 行防护林,堤内种植适应当地气候条件、具有观赏性的花卉和草被,不但可以改善生态环境,就地拦蓄部分降水,涵养水源,减弱径流,还能截流部分地表污水,改变河道富营养化日趋严重的局面,同时也增加了绿地景观。

城市河道景观设计是对河岸整治的重要组成部分,回归自然成了河流景观建设发展的主流,先后提出了"多自然河流""建设家乡河"等概念。城市河道的景观设计包含了河道的景观设计、河岸的景观设计、河边附属设施设计、沿河植被的景观设计、重要地点设计、夜景设计。

4.5 河岸植被恢复技术

河岸带植被作为河岸生态系统的主要组成部分,对于河流的生态功能具有重要影响。河流上修建的水利工程改变了河流的水文特征,直接或间接地影响河岸带植被的生存环境,导致植被的退化和植被类型的改变;加上人类对河岸带植物破坏和对河岸带土地的占用,已使全球20%的河岸带植被消失,植被的消失必然导致生活在河岸带内部的动物种类的减少甚至消亡。

河岸带植被恢复,是指通过生物、工程、管理等手段,恢复植被的结构、种类组成和生态功能。当前国内外关于河岸带植被对于生态功能的影响研究主要集中在:①河岸带植被遮阴效应;②对水陆生态系统间物流、能流、信息流和生物流的廊道效应;③截污效应;④植被恢复技术。

4.5.1 遮阴效应

河岸带植被对河流水体的遮阴主要在水温和入射光强度两方面影响河流生态系统。水温降低影响水体的化学过程和生物过程,较低的水温一方面增加了水中溶解氧的含量,另一方面降低了水生动物活性,从而减小水中氧气被耗尽的风险,增强河流自净能力;同时,植被遮阴大大缓解了水体热污染所带来的不利影响。研究表明,当把河岸带的植被砍伐后,河水温度明显增高,对普通鱼类和无脊椎动物的多样性有着重要影响;入射到水体中的光量对于藻类和水生植物的生长产生限制,植被对入射光拦截很可能是水生附着生物的生物量大小的决定因素,因此植被遮阴效应能显著影响中小河流水质,尤其对于那些在夏季藻类爆发的河流。Andrea Ghermandi 等对比利时奈特河研究表明,河道遮阴可减少44.9%的浮游性藻类生物量。

影响植被遮阴降低水温和拦截光照程度的因素主要有以下几点：

(1)河流的宽度，一般对于宽度在5 m以下的河流的影响比较明显，而对于宽度超过10 m的河流作用则很小。

(2)河岸带植被的特性，如植被类型、树冠高度、植被宽度、枝叶密度等。

(3)地理和气候特点(如太阳高度角、太阳辐射强度、河流方向)以及水体自身的理化特征。

研究表明：对于小河流，发育良好的河岸带植被可以遮挡95%的入射光；河岸带可以遮挡一条9 m宽河流中55%的入射光，而对于宽为80 m的河流，这一数字减少为8%。在温度降低方面，对于小型河流，遮阴的降温范围是4~10 ℃；Binkley等在北美把一条河流中的一段全部植被清除，结果水温较保留植被河段的水温增高了2~6 ℃。

4.5.2　廊道效应

廊道通常可以连接由于人类干扰而造成的破碎生境，避免生境破碎造成生物多样性降低；廊道有利于生物在生境间的迁移，从而减少了局域种群灭绝的偶然性，同时廊道也是一些生物的栖息繁殖地，生存有大量的生物物种。

河岸带是区域景观格局中起着廊道作用的景观元素，主要表现在：保护生物多样性，促使相邻地区之间物质和能量的交换，为该地区物种提供安全地带，为生物提供分散和迁移的路径。河道在维持生物多样性方面的作用较为突出，如Nilsson研究表明，瑞典境内一条河的河岸带廊道中就拥有瑞典维管植物的13%；雷平等在武夷山自然保护区调查了3条河流的河岸带植被，河岸带维管植物种类在科级水平上占武夷山保护区总维管束植物的41.5%，在属级水平上占18.0%，在种级水平上占11.9%。

河岸带廊道的宽度、植被类型、内部生境条件以及位置都会对廊道功能的发挥造成影响，其中宽度是影响廊道效应的最重要因素。很多学者认为，较宽的河岸带廊道更加有利于生物的迁移，因此较宽的河岸带廊道具有较高的生境多样性，能够满足更多生物的需求；Howell等对霍克斯布里·尼皮恩河的建议是保持河岸带植被宽度为每边 50 m。当然河岸带廊道的宽度应根据河流自身宽度和管理目标的不同而变化,如果要减少水土流失和河岸侵蚀,植被的宽度应达到临近河漫滩的地方。Frank 等研究认为,河岸带宽度对动物物种丰富度的影响并不显著,动物物种丰富度与河岸带距陆地森林的距离有较强的相关度,因此在构建河岸带植被时,不但要考虑构建的宽度,还应注意内部生境的复杂性。

4.5.3　截污功能

控制和治理点源污染比较容易,控制面源污染困难得多,居于水陆交界处的河岸带植被是控制水体面源污染行之有效的方法。

针对河岸带截污功能的研究主要集中在氮素截留,其次为磷和固体颗粒物截留。研究表明,通过反硝化作用、植物吸收和化学吸附作用,河岸带可以过滤掉大量的氮元素,从而大大减少输入河流中的氮素;通过土壤和沉淀物吸附、植物吸收、微生物吸收等,其中最主要的是在地表径流中通过吸附在土壤颗粒和沉淀物中实现磷的净化;固体颗粒物的去除主要在于河岸带植被拦截降雨,减少地表径流量,同时减缓水流,使得固体颗粒物在河岸带上得到沉积。

河岸带的氮、磷、固体颗粒物的截流转化效率受植被类型、缓冲带宽度以及植被年龄等因素的影响。研究表明,河岸带森林对氮的截留要比纯草本河岸带大得多,但是对草本植物进行定时收割可大大提高草本缓冲带对氮的过滤效果。Osborn 等认为森林河岸带对氮截留更有效的原因在于:①森林河岸带具有较多的可利用态有机碳,使得反硝化作用更为强烈;②森林植被根系分布范围更广,从而加大植物吸收范围。而 Syversen 的研究认为森林河岸带和草本河岸带对于氮、磷的过滤效率无显著差别,森林河岸带对于颗粒状污染物的过滤效果远高于草本河岸带。

河岸带宽度对氮、磷、固体颗粒物的拦截效果也有重要影响,一般认为,河岸带越宽,污染物截留转化效率越高。Daniels 等在美国弗吉尼亚州研究发现,宽 9.1 m 草地河岸带可消除 84%的悬浮颗粒物;当宽度减小到4.6 m时,悬浮颗粒物消除率则为70%,地表径流中总氮截留转化率从73%减少到54%。Vought等研究发现,河岸带宽度由8 m增加到16 m时,地表径流中硝态氮清除率由20%增加到50%;Syversen研究表明,宽10 m的河岸植被带对污染物的过滤效果要高于5 m宽的河岸植被带,但单位面积的过滤效率却是5 m宽河岸植被带更高。

4.5.4 河岸带植被恢复研究

河岸带植被的恢复应根据特定的目标,重新构建系统的功能,而不是恢复到原始状态。许多研究者认为,在进行生态恢复时,应优先考虑河岸带植被的自然恢复。因此,在进行生态恢复前首先应明确在干扰行为排除后,河岸带是否能够自然恢复,当自然恢复无法达到预期目标时,再采取针对性的措施和主动的恢复方法;在尺度上,河岸带植被的恢复应在流域尺度上进行考虑,否则恢复的成功概率就会变小,如Stromberg对美国西南地区的河岸带生态恢复工程总结分析时发现,20世纪90年代初在美国西南地区,河岸带恢复就是简单地种植三叶杨,缺乏从流域尺度上思考,最终没有达到恢复的目的。

选择合适的植物种类是植被恢复的前提条件,过去人们常常选择一些外来植物种类应用到河岸带植被恢复中,从而造成这些植物的成活率不高。为了选择适生的乡土植物种类,最有效的方法就是对河岸带残存自然生长的植物进行全面调查。在植被调查中要掌握河流自身的排洪能力以及洪水发生的频率,考虑抗洪水冲刷的能力、泥沙淤积的影响,尽量选择那些抗侵蚀能力和抗泥沙淤埋能力较强的植物种类。在空间形态上,应根据河岸带各部分的立地条件,种植不同的植物种类;在时间序列上,应根据各植物不同的生理生态特性,考虑植物间的搭配,如速生与慢生、长寿命与短寿命等,既考虑短期的效果,又着眼于长期利益。在国外,杨属和柳属的植物一般被认为是河岸带植被恢复的先锋树种,能快速成林;而国内的研究则认为芦苇、大雀稗、弯叶画眉草和香根草为理想的河岸带植物。

第5章 城市河流水质理化恢复技术

5.1 河流曝气复氧技术

城市河流人工曝气复氧技术是根据河流受污染后缺氧的特点,人工向水体中连续或间歇式充入空气或纯氧,增加水体中溶解氧的含量,加速水体复氧、改善水体缺氧状态、恢复和增强水体中好氧微生物的活力、加快水体中溶解氧与臭污物质之间发生氧化还原反应的速度、促进有机污染物的降解、去除水体中污染物,达到改善河流水质的一项污染河道治理工程技术。大量的工程实践表明,河道人工曝气复氧技术(见图5-1)是治理城市河道水体污染的有效工程技术之一。

图5-1 人工曝气复氧技术

人工曝气复氧技术的使用在国外有较长的历史,英国的泰晤士河,德国的鲁尔河支流河、德国河、柏林运河,美国的密西西比河,澳大利亚的河流河,葡萄牙的塔古斯河,韩国的釜山港湾成功应用;我国人工曝气复氧技术在北京清河、上海上澳塘、上海苏州河、苏州城市河流、贵阳市南明河、广州朝阳涌等城市河流得以成功应用。

河道人工曝气复氧技术综合了曝气氧化塘和氧化沟的原理,即采用推流式和利用曝气充氧的方式实现液气的完全混合,既可以是空气曝气也可以是纯氧曝气，技术主要有纯氧增氧系统、鼓风机微孔气管曝气系统、叶轮吸气推流式曝气器、水下射流曝气设备四个种类。人工曝气复氧技术的应用形式一般采用固定式充氧站和移动式充氧平台两种，固定式曝气有鼓风曝气和机械曝气两种形式，移动式曝气是利用移动的曝气船等设备进行。

人工曝气复氧技术是一项借助人工手段向河流中充入空气或氧气的技术，具有效果好、投资与运行费用相对较低、对周围环境影响小等优势，但在实际应用过程中还具有一定的局限性，如它对河流的水深、河流航运功能等有一定的要求，在低水位、通航的河流中不宜采用。在城市污染河流治理中通常与其他技术一起使用，与城市的景观工程建设相结合。

5.2　生物制剂净化技术

生物制剂净化技术是指通过向污染河流水体中投加从自然界筛选出来的优势菌种或通过基因组合技术生产出的高效菌种，采用先进的生物技术和特殊的生产工艺制成的高效生物活性菌剂，来调控水体中生物群体的组成和数量，优化群落结构，提高水体中有自净能力的微生物对污染物的去除效率，使污染物就地降解或转化成无害物质，恢复河流自净能力的一种河流水体生物修复技术。

生物制剂净化技术从大的方面来看主要是利用了先进的生物修复技术，特别是微生物修复技术；从小的方面来说是利用了生物强化技术。关于生物制剂应用在各类污水处理、养殖水体和河道修复已有多年的研究；生物制剂主要有单一的生物制剂、复合生物制剂、固定化生物制剂和其他功能性辅助制剂等多种类型。最早发现并应用于实际工程的是一些单一的生物制剂，如光合细菌、枯草芽孢杆菌、硝化（反硝化）细菌等，其中光合细菌在环境友好型生物制剂的研发方面具有巨大的应用价值，目前在日本、中国、东南亚各国均已得到了普遍的应用；随后，许多具有更强降解能力的复合生物制剂得到了关注和应用，应用较为广泛的是日本琉球大学研制成功的一种由微生物复合培养的多功能活菌制剂。随着固定化细胞、微生物技术的发展,固定化生物制剂技术用于城市河流污染治理已成为人们研究的热点。大量研究发现,添加一些功能性的生物辅助制剂(如酶制剂、生物促生剂、基质竞争抑制剂等)能够显著地改善生物制剂的净化性能和稳定性能;同时也可适度地改良工程实施时的基质等外界环境条件,从而大大提高生物制剂的净化效果。

河流水体环境特征调查是整个技术实施的基础,水体水温、污染物种类和污染程度、河流的水力负荷等都直接影响生物制剂种类的选取、剂量的投放、技术施工方式选择,而生物制剂的选种、培养和活化是整个技术的核心部分,直接影响水体污染物的去除率。

5.3 河流综合控藻技术

城市河流综合控藻技术是指在使用物理、化学、生物等技术手段对拟处理高藻水体进行预处理,然后利用各种控藻除藻技术(组合工艺、微生物防治、人工生态控藻)进行河道藻类控制和去除,改善河流水质的一种水体修复技术。生物控藻装置如图 5-2 所示。

国内外控藻技术的应用历史已有近 50 年,其中作为直接应急控藻技术的物理方法、化学方法较为常用,但生物控藻以其独特的优势得到了广泛的应用。针对城市河流的典型特点,当前一般采用以物理法和化学法等为主的直接控藻技术和以河道景观为核心的生物控藻技术,再采取常规控藻技术工艺,并对混凝、沉淀、过滤等处理单元工艺进行强化,从而提高城市河道水体中藻类的去除率,主要包括藻类预处理、常规工艺强化技术、组合处理工艺、微生物防治、人工生态控藻系统等。影响该技术的关键指标主要有水体中的营养盐和叶绿素含量、藻类比增殖速率以及不同控藻技术的工艺参数。

控藻技术的多种方法在实际应用中各有利弊和适用范围,物理方法去除藻类需要耗费大量的人力、财力和物力,在城市的一些小型污染河流中较为适用;化学方法具有见效快的优点,但容易造成二次污染,对于承担养殖、灌溉、饮用或娱乐功能的城市河流不宜采用,此方法往

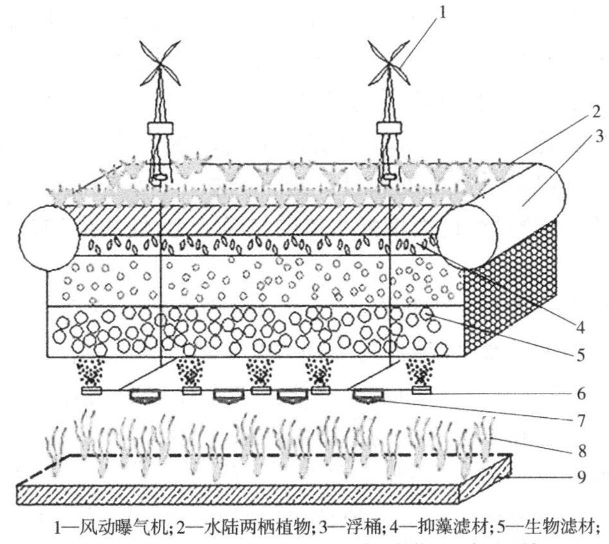

1—风动曝气机；2—水陆两栖植物；3—浮桶；4—抑藻滤材；5—生物滤材；
6—曝气头；7—水下照明灯；8—水生植物；9—底层基材

图5-2　生物控藻装置

往作为应急处理措施使用；生物方法因其无污染、费用低、便于实施等优点受到广泛关注，但生物的投放往往会影响河流水体生态系统结构。因此，对于一个封闭或半封闭的河道来说，控制营养盐来源，结合多种控藻技术的集成应用，是其控藻和除藻的发展方向。

5.4　河流生态调水技术

河流生态调水是在敏感水域普遍采用的水环境污染治理措施，依托现有的水利工程设施，利用自然条件的优势，引入污染水域上游或附近的清洁水源冲刷稀释受污染水域，以达到快速改善其水质状况的目的。目前这一技术已成为河流或湖泊污染治理的重要辅助措施，被广泛应用。

外源优化调水是通过稀释和置换等作用，改善水环境质量的重要辅助措施，因此稀释机制是调水技术最主要的技术原理之一。外源调水增加了污染水体中的清水量，从而降低了污染物在水体中的相对浓度,在一定程度上控制了其危害的程度;稀释一般是以物理过程为主,改变河流的整体水环境,为河流水质净化等其他机制创造良好的条件。研究表明,调水不仅稀释降低污染物的相对浓度,还促进水体的流动,改变水体的溶解氧含量,使得原来缺氧状态转变为富氧状态,从而为水体微生物作用提供了良好的条件。进行调水后,河流径流量的加大会增加河流的环境容量,进而增强水体的自净能力,使污染物得到自然稀释和降解。

生态调水将大量污染物在较短时间内输送到下游,减少了原区域水体中污染物的总量,以降低污染物浓度。同时,生态调水改善了水动力条件,使水体的复氧量增加,有利于提高水体自净能力。此外,生态调水也使死水区和非主流区的污染水得到置换。

根据城市河网特征,外源调水系统一般有三个部分:水流调出区、水流通过区和水流调入区。水流调出区是指那些水量丰富、水质相对较好的河网;而水流调入区则是那些水质严重污染、急需改善水质的河流。沟通上述两者之间的地区范围即为水流通过区,一般通过河网内水利工程设施连接,水流通过区依据不同的调水系统,常常又是水流调入区或是水流调出区。

根据城市河网水流水质、水利工程等情况,首先要选择合适的水源地,即确定水流调出区;再确定调水线路和调水周期,在河网密集的城市河道中,调水线路的选择应避免河流的交叉污染,遵循“河程取长,渠道取短”的原则;外源调水技术中,实时调度模型的建立非常重要,这是优化调水决策、制订调水方案的重要科学依据。

最早通过调水技术改善河道水质的工作始于日本。1964 年,日本东京从利根川和荒川引入清洁水改善隅田川水质,1975 年日本引入其他河流的清洁水净化中川、新町川和歌川等 10 条河流,开启了利用外源调水技术改善水质的工作。有一些国家采用筑坝调节水量,改善河流水质。如德国鲁尔河平均流量为 75 m^3/s,再加上蒸发和排到附近的人工蓄水池,有大量水不能流回河流,为了补偿水消耗,在鲁尔河上修建水库,春冬季蓄水,而夏秋季节将水库中的水放回河流,提高河流流量,增加水体自净能力。在莫斯河治理过程中,曾通过在上游建筑高坝,蓄水到一定量后开闸放水冲刷河底底泥。但是通过修建水库或水坝来开展外源调水工作,往往对周边的生态环境造成一定的影响,因此国际上一些国家如美国、日本、俄罗斯等在相关法案中均提出维持河道最小流量的生态环境要求。

我国河流调水技术的应用始于 20 世纪 80 年代中期,上海是最早利用水利工程进行引清调度改善水质的城市之一。多年来,上海地区河网引清调水工作得到不断的优化和完善,苏州河通过两次调水试验,水质得到明显改善,达到了基本消除黑臭的目标;上海市水务局制定并颁布实施了《上海市跨流域引清调水实施细则》。随后我国南方一些城市相继开展了各类外源调水试验,如秦淮河的引江换水、吴江市城市河网的引水工程模型、浙江温瑞塘河的调水优化方案试验、南京玄武湖的引调水模式研究、太湖流域的“引江济太”。

2002 年以来,太湖流域管理局根据“以动治静、以清释污、以丰补枯、改善水质”的引江济太方针,组织江苏、浙江、上海三省(市)水利部门实施了“引江济太”调水试验,累计通过望虞河引调长江水入太湖流域 113 亿 m^3,增强了水体循环能力,改善了太湖水体水质和流域河网地区水环境,保障了流域供水安全,提高了水资源和水环境的承载能力。尤其是在改善水质和保护生态方面,通过流域骨干水系和区域河网调度的有机结合,扩大了河网水系水体流动受益范围,初步实现了静态河网、动态水体的目标,使广大河网地区水环境得到明显改善。

2009 年 10 月,水利部部长陈雷在全国水利发展“十二五”规划编制工作会议上提出河湖水系连通,并指出:河湖连通是提高水资源配置能力的重要途径,加快河湖水系连通工程建设,构建引得进、蓄得住、排得出、可调控的河湖水网体系,提高水资源调控水平和供水保障能力。河湖水系连通是以实现水资源可持续利用、人水和谐为目标,以改善水生态环境状况、提高水资源统筹调配能力和抗御自然灾害能力为重点,借助各种人工措施,利用自然水循环的更新能力等举措,构建蓄泄兼顾、丰枯调剂、引排自如、多源互补、生态健康的河湖水系连通网络体系。

山东省聊城市位于黄河下游、京杭大运河畔,东依岱岳与济南市相连,西以卫运河为界与冀南、豫北接壤,北与德州市毗邻,南滨黄河与水泊梁山隔河相望,属北方干旱缺水城市。因毗邻黄河,引黄条件优越,但黄河年际、年内来水丰枯不均,现有河湖蓄水库容有限,如遇枯水年,河湖水量水位极难保持稳定。为改善人民的生活居住环境,促进经济社会发展,聊城市在城市规划中强化水系建设,将开发城区内东昌湖、古运河、徒骇河三大水系,在初步实现与古运河和东昌湖一湖一河相连的基础上,计划与徒骇河相连,形成两河一湖相连的水系格局。通过将东昌湖和京杭大运河城区段、徒骇河城区段连通,城区水系全部贯通,将充分体现"城在水中、水在城中、城中有湖、湖中有城、城河湖一体"的水系景观特色。塔里木河下游调水,首次实现了20多年来全流程过水,生态环境明显改善;黑河的成功调水及扎龙湿地的应急补水,得到了社会各界的广泛好评,相关区域生态明显改善。北京城市水系通过截污、治污、引水、河道整治等手段,解决了"水质型缺水"问题,通过引水换水工程,促进水体流动,加速城市河流水体转换,提高了水体自净能力,取得了显著的生态效益和社会效益。其他典型案例还包括引江入巢、引黄济津济淀、珠江压咸补淡、牛栏江调水等水资源配置工程;桂林两江四湖、杭州西湖、南昌三河四湖、绍兴三湖、银川艾依河七十二连湖;天津市中心城区河湖水系等河湖水系连通工程;淮河、汉江下游、东江流域等生态调度,以及山东省、县、市三级水网建设实践等。这些河湖水系连通的案例,无疑为今后深入研究相关问题提供了宝贵的经验和素材。

当前推进河湖水系连通工作的主要问题和对策措施包括以下几种:

(1)要端正态度,厘清思路,坚持"人水和谐"的基本原则,科学认识河湖水系连通问题。河湖水系连通应该是当前新形势下的一种治水理念,既不应该将河湖水系连通抬高到不应有的位置,借河湖水系连通之名,大搞水利建设之实,盲目进行水利工程建设,也不应该仅仅将河湖水系连通认为是单纯的技术问题,不从深层次、战略的高度研究和认识河湖水系连通问题。

(2)要加快和加强河湖水系连通的理论研究,确定河湖水系连通的内涵,围绕洪水风险理论、水资源承载力理论、水资源配置理论、水资源规划理论和生态调度理论等,尽快提出针对河湖水系连通的关键技术,研究相应的技术体系,为实际河湖水系连通工作提供科技支撑。

(3)围绕着河湖水系连通的基本理论研究,要尽快弄清楚为什么连?如何连?连通后的效果评价等问题相关联的判别技术、判别方法、判别指标和判别准则等,为河湖水系连通工作提供依据和支撑。

(4)围绕着河湖水系连通工作,要进一步增强政策引导,尽快健全河湖水系连通工作的监督和管理机制。应把河湖水系连通工作与当地的经济社会发展紧密结合起来,强化河湖水系连通功能及作用,统筹区域、城乡经济发展,将河湖水系连通工作做好。

5.5 底泥生态修复技术

底泥是河流的重要组成部分,是河流水生态系统中物质交换和能流循环的重要枢纽,又是众多底栖生物的生存场所。水体底泥污染物主要通过大气沉降、废水排放、水土流失、雨水淋溶与冲刷进入水体,最后沉积到底泥中并逐渐富集,使底泥受到严重污染。当环境条件发生变化时,底泥中过多的营养元素、重金属和有机物就会释放出来,影响上覆水体的水质,进而影响到水生生物和人类健康。

5.5.1 原位修复技术

所谓原位修复技术,是将污染底泥留在原处,采取措施阻止底泥污染物进入水体,即切断内污染源的污染途径,可以分为生物+化学修复和凝固+稳定修复(固化)两大类。生物+化学修复即在原地投加微生物或化学药剂以增强生物修复;凝固+稳定修复则通过投加化学药剂及黏合剂,使之成为一个溶解较少、迁移较难、含有微量毒性物质的整体,控制底泥污染。污染底泥原位处理技术已成为一种高效、可行的生态处理方法。目前,用黄土包埋硝酸盐颗粒的凝固—稳定修复技术取得了良好的效果,主要是将硝酸钙与黄土混合制成颗粒,利用硝酸钙缓慢释放的特性,使得药剂缓慢地从颗粒内部释放到底泥与水体接触面,以防止其与水体直接接触,并能够在硝酸钙到达处理底泥前,避免其快速溶解于水体,最终在不影响水体生物的基础上,达到控制底泥氮、磷释放的目的。

5.5.1.1　原位覆盖和污染控释技术

底泥原位覆盖和污染控释技术又称封闭、掩蔽或帽封技术,主要是通过一定的方式或途径在污染底泥表层铺设一层或多层具有净化功能的清洁覆盖层,使得污染底泥与上覆水体相隔离,阻止底泥污染物向水体迁移的一种底泥污染控制技术,如图5-3所示。

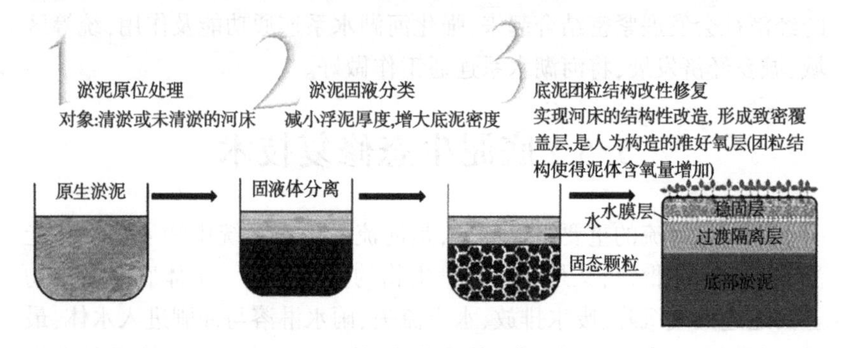

图5-3　原位控释技术

原位覆盖和污染控释技术早在20世纪70年代后期就应用于污染底泥的治理修复中。1978年,世界上首例原位覆盖工程在美国实施,随后成功地应用在德国、日本、挪威与加拿大等一些国家;1984年在华盛顿西雅图杜瓦密斯航道实施了用沙子作为覆盖层材料的覆盖工程控制底泥的重金属污染与有机污染。相比别的修复技术,覆盖花费低,适合有机、无机处理,对环境潜在危害小,现在已得到普遍应用。大量试验结果表明,掩蔽能有效防止底泥中PCBs、PAH及重金属进入水体而造成二次污染,对水质有明显的改善作用。1998年原位覆盖技术被美国环境保护署列为受污染沉积物修复的三大推荐技术之一。在我国,底泥原位覆盖和污染控释技术发展相对滞后。我国首例底泥覆盖控释工程是1995年巢湖市环城河河道底泥环保疏浚后,采用覆盖厚清洁细沙来控制污染。随后一些相关研究与应用实例相继问世。薛传东等选取天然红土添加适量的粉煤灰及石灰粉作为掩蔽覆盖物,对滇池富营养化水体进行现场修复试验，结果表明用天然矿物材料有助于削减底泥中 TP、TN 的释放量，还可提高对藻类等浮游植物繁殖的营养基础和对藻、藻细胞及其胚胎上浮生长的控制效率，最终达到除藻的目的，为滇池及类似湖库富营养化水体的修复提供崭新的思路。

底泥原位覆盖和污染控释技术主要是利用覆盖层材料与底泥中污染物之间的各种物理化学作用（如隔离、固定、降解、吸附等）修复与治理受污染的底泥，因此覆盖层是该项技术的关键，覆盖的形式可以是单层覆盖也可以是多层覆盖。但在通常情况下，会添加一些要素来增强技术功能的发挥，如在覆盖层上添加保护层或加固层（以防止覆盖材料上浮或水力侵蚀等）以及生物扰动层（防止生物扰动加快污染物的扩散），覆盖层材料主要有天然材料、改良黏土材料、活性覆盖材料以及土工材料等。根据使用的覆盖剂不同，可以将原位覆盖技术分为被动覆盖技术和主动覆盖技术。被动覆盖技术主要是使用被动覆盖剂如沙子、黏土、碎石等处理有机污染和重金属污染的底泥；主动覆盖技术主要是利用化学覆盖剂屏障处理底泥中营养盐等污染物。

底泥原位覆盖的施工方式主要有表层机械倾倒、移动驳船表层撒布、水力喷射表层覆盖、驳船下水覆盖、隔离单元覆盖。影响底泥原位覆盖与污染控释技术的关键指标有底泥环境特征指标、覆盖材料的材质、覆盖层的厚度以及覆盖的施工方式选取等。

5.5.1.2　原位生物修复技术

底泥生物修复技术是指利用生物的生命代谢对底泥污染物进行吸收、转化或降解，降低底泥环境中氮磷营养盐、重金属或有毒有害物质的含量，从而使污染底泥能够部分或者完全恢复到原始状态，达到减缓或最终消除水体污染、恢复水体生态功能的生态修复目的。原位生物修复需要外加具有高效降解作用的微生物和营养物，有时还需外加电子受体或供氧剂。Kraige 等开展底泥生物原位修复时，采用了易生物降解的碳源外加硝酸盐或硫酸盐来进行厌氧生化反应，结果显示，外加硫酸盐作电子受体能显著增加降解。根据河道底泥修复中生物种类的选取，当前比较常用的主要有微生物修复技术、高效复合菌（有效微生物群）修复技术、植物修复技术等。陈愚等开展的多种沉水植物对京密运河白石桥运河段水质的研究表明：沉水植物红线草对有毒重金属镉有较强的抗性，可以吸附或直接吸收镉，以减少底泥中的重金属含量和毒性。原位生物修复技术如图5-4所示。

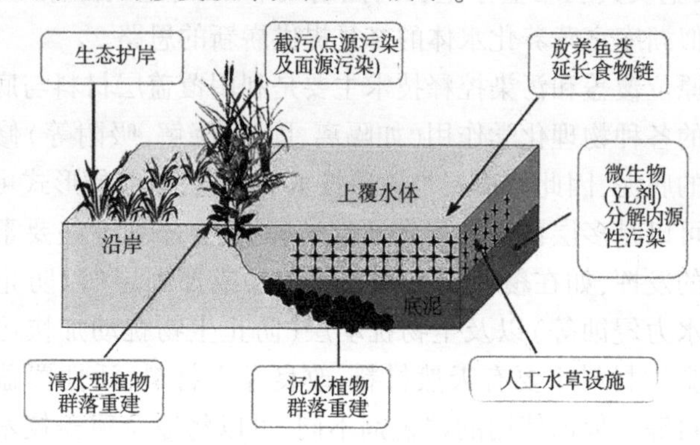

图5-4 原位生物修复技术

原位生物修复技术的基本流程为：首先，开展底泥环境特征的调查和分析，了解底泥污染状况、河流水质状况、生态系统特性等，为技术的使用提供参考依据；其次，结合底泥的污染特征，开展培育微生物、高效复合菌或栽植植物修复底泥试验，确定生物修复方法；最后，原位生物修复技术投入使用，达到去除底泥污染的目的。底泥生物修复技术的关键性指标主要为河道底泥和水体的理化指标以及生物学指标、生物种类的选取。

5.5.2 生态疏浚技术

所谓底泥生态疏浚技术，是指利用专用的疏浚设备，采用一定的疏浚形式，将黑臭河道底泥表层的污染物富集层挖除并移除水体，为河流生态系统恢复创造条件，且对挖除后的污染底泥进行安全处理的污染治理技术。它是一门环境工程、疏浚工程与生态工程相结合的生态修复工程技术，并被认为是控制河道内源污染效果最为明显的工程技术措施之一。底泥疏浚是在水域污染治理过程中普遍采取的措施之一，意味着将污染物从水域系统中清除出去，可以较大程度地削减底泥对上覆水体的污染贡献率，从而起到改善水环境质量的作用。底泥生态疏浚技术如图 5-5 所示。

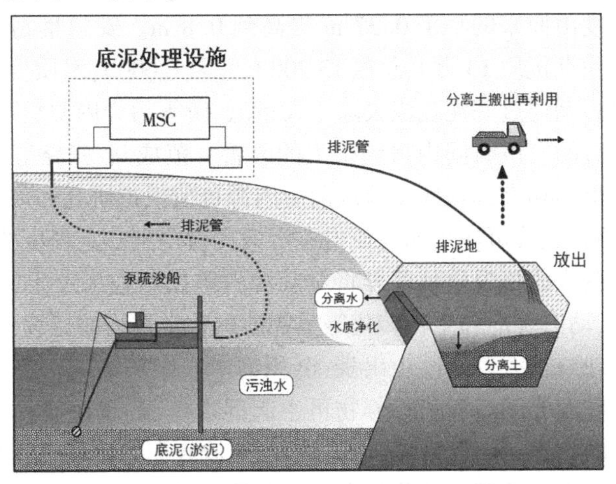

图 5-5　底泥生态疏浚技术

国外一些发达国家和地区从 20 世纪 70 年代就开始致力于生态疏浚技术和相关设备的研制与开发,主要对河流重金属和持久性有机污染物进行治理,并取得了显著的成果。瑞典的 Trummen 湖,清除表层厚 1 cm 的底泥后,水深增加 1.1~1.7 m,湖水的磷含量减少了 90%,平均生物量从 75 mg/L 减少至 10 mg/L。美国、欧洲、日本等非常注重专用疏浚设备的研制,如荷兰开发了液压可调节式环保型铰刀绞吸式挖泥船,日本研制了螺旋式挖泥装置和密闭旋转斗轮挖泥设备,意大利研制了用于疏浚水下污染底泥的气动泵挖泥船。

底泥生态疏浚技术在我国早期主要应用在湖泊富营养化的治理上,近 10 余年取得了长足的进展。特别是"十一五"期间,底泥生态疏浚技术实现了两大突破,首先是从传统的氮磷营养盐污染底泥疏浚逐渐扩展到重金属和有毒有害污染底泥的疏浚;其次是生态疏浚技术工艺流程不断完善,从底泥勘察、勘测,污染底泥的分类、质量评估、疏浚范围和深度的确定,到不同污染类型堆场的设计、泥水分离技术、疏浚全过程监控评估等不断细致、完善。我国滇池草海疏浚一期工程已成功完成,疏浚污染底泥 377 万 m^3,工程实施后共去除总氮 39 600 t,总磷 7 900 t,清除了大量潜在的内污染源,分别是外源治理工程削弱氮、磷污染物能力的 5.9 倍和 7.0 倍；疏浚水体不再黑臭，水质明显好转，水体透明度由原来的小于 0.37 m 提高到 0.8 m。安徽巢湖底泥疏浚工程将去除有机质 13 万 t、总氮 13 200 t、总磷 6 600 t，水质得到明显改善。杭州西湖通过底泥疏浚去除了大量氮、磷等污染内源负荷，使得水质在疏挖后的一段时间内得到很大的改善。范成新、张路等对城郊污染湖泊五里湖和玄武湖底泥疏浚前后内源负荷模拟研究和现场样品采集分析表明，疏浚可在短期内使内源污染负荷得到一定程度的抑制，疏浚方法所造成的疏浚质量差异将对底泥内源控制效果产生影响，随着颗粒沉降、动力扰动和生物转化等生物地球化学过程的持续作用，内源污染恢复现象将有可能逐步出现，沉积物本底中较高的营养物和有机物含量对底泥界面过程和营养物再生起促进作用，疏挖底泥的厚度也缺乏科学的依据。因此，许多学者认为，疏浚底泥的治理工程与实施生态工程相结合是治理富营养化水体的有效途径。

底泥生态疏浚形式一般有干河疏浚和带水疏浚。干河疏浚即将河水抽干后使用推土机和挖泥机将底泥表层污泥清除。带水疏浚即不抽河水，应用范围较广。底泥生态疏浚技术重点在“生态”二字上，所谓生态疏浚，就是在疏浚前开展细致、周密的鉴别与勘查，对污染物进行必要的现场调查、样品分析和室内外的模拟研究，确定污染物的种类、分布及其可能的生态环境效应；疏浚时采用先进的低扰动、高固含率的底泥疏浚设备和疏浚方式，以避免颗粒物的扩散和底泥中污染物向水体的大量释放。疏浚后新生界面层为较清洁的底泥层或具有较强吸附能力的泥炭层，促使新的底泥水界面平衡，有利于水体自净能力的提高，促进水生生态系统的恢复。

影响底泥生态疏浚技术的关键指标有底泥环境特征的各项指标（包括河道水文水质特征，河岸带环境特征，底泥分布状况、底泥营养盐、重金属、有毒有害等污染物含量和垂直分布特性、底泥间隙水水化学特性、底泥水生态特性等）、底泥生态疏浚深度、疏浚范围的划定、疏浚方式的选择、疏浚设备的选择以及污泥堆场的设计等。

5.5.3 底泥生态恢复试验

5.5.3.1 概述

底栖生境是水生态系统构建的重要环节。水体底泥是水体生态系统的重要组成部分,是水体营养物质循环的中心环节,也是水土界面物质(物理的、化学的、生物的)积极交替带。各种来源的营养物质和污染物质经一系列水体物理、化学及生化作用,沉积于水底,形成疏松、富含有机质和营养盐的灰黑色淤泥。在水体各种水动力学、生态动力学作用下或水体环境变化时,沉积物中营养盐溶出或再悬浮,形成水体富营养化的内负荷。同时,底泥对环境作用具有累积性和滞后性。

在城市经济和工业化高速发展的进程中,大量废水直接排入城市河道,严重超过河道自身的净化能力,导致污染严重。污染物进入河道后,经过沉淀、吸附、吸收等一系列途径,最终沉积在底泥中并逐渐积累,构成了水体的内源污染。底泥沉积物可以说是容纳水环境中各种污染物质的最终储存场所。当底泥上层水环境发生改变之后,底泥中沉积的污染物不断释放,成为水体二次污染源。因此,在外援污染得到控制的基础上,底泥污染的治理成为水体修复的关键。

目前底泥修复技术按处理机制进行分类,可以分为物理法、化学法和生物法;按照底泥处理方法可以分为底泥天然恢复、覆盖、去除三种方法;按处理位置的不同主要分为异位修复和原位修复。疏浚法是将底泥挖走,转移至陆地,再对底泥进行处理的技术,这是目前底泥处理使用最为广泛的异位处理技术,它能够快速并且较大程度削减底泥对上覆水体的二次污染危害,有效改善水质,增加河道水体容积。但是大量工程表明异位修复技术不仅会占用其他土地资源,还会增加底泥处理的二次成本,并且此方法对原有的水生态系统影响较大,不能满足经济和环保的需求,因此越来越多的学者开始关注并研究原位修复技术。原位修复技术就是指利用物理、化学、生物等技术在原地对底泥进行处理并修复,这对原有的生态环境影响相对较小,同时大大减小了工程量。

根据有关研究报告,将某种特定的固定化微生物用于污染的底泥中,发现底泥厚度有降低现象,水体和底泥中的 NTU、COD、NH_3-N 和 TP 含量也明显降低。如果采用某种净化促生液对水环境践行修复,底泥中的生物多样性逐渐增加,有机物的含量逐渐减少,主要微生物类群则由厌氧型向好氧型演替,水体的生物多样性不断增加;如果在专业培养基上接种河道底泥,制成底泥生物氧化复合制剂,此制剂对河道底泥氧化层的形成有明显的促进作用,对底泥有机物分解能力也有显著强化作用,同时底泥对上覆水体生物氧化能力也逐步增强;如果对底泥进行生物修复,能够有效地减小河道污染负荷,强化河道的自净功能。

5.5.3.2 试验区现状

目前研究区河道底质存在如下问题:

(1)北支流金沙中学—南支流汇流口段,该河道主要经过人口密集的老城区,虽然已经基本完成截污,但由于河道窄、流速慢、光照弱,人为活动污染以及落叶、排污口渗漏等因素,水质较差,容易富营养化。

(2)河道底质沉积物含有大量有害细菌、病原体、虫卵、腐殖质等,会对河道生态环境产生重要威胁。

治理前经过一段时间的监测,选择河道中的一段作为试验河段进行修复治理。试验河段治理前底泥和上覆水质指标分析结果见表 5-1。

表 5-1 试验河段治理前底泥和上覆水质指标分析结果

底泥指标			上覆水质指标					
pH	有机质(mg/g)	大肠菌群(个/g)	DO(mg/L)	透明度(cm)	COD(mg/L)	氨氮(mg/L)	TN(mg/L)	TP(mg/L)
7.53	63	20 000	5.84~7.45	50~69	45.83~52.81	3.30	5.69	0.42~0.58

5.5.3.3 试验布设

本次试验的底质改良措施包括底质污染物清除,底泥翻耕、晾晒,底质消毒以及微生物改良等技术,对底泥生态修复后理化分析,研究其对城市河流水质的影响。底质污染物清除主要是清除底质沉积的垃圾以及局部黑臭淤泥，并清除水花生等外来物种以及杂草。底泥翻耕、晾晒是对底质较厚、水体较深区域表层底泥进行翻耕，利用阳光晾晒，起到改良作用。底质消毒采用易分解、无残留的底质处理剂对晾晒底质进行消毒处理，杀死有害污染物。微生物改良是向河道投放土著微生物底质改良剂，利用微生物作用，分解底质污染物，并改善底质生物活性，恢复底栖生境。

(1)在试验河段左半边采用截留的方式，露出河底淤泥，经过翻转、晾晒方式改变底泥的理化性质，然后确定其对河流水质的影响。

(2)在试验河段右半边采用截留的方式，通过"消毒剂(次氯酸钙)+微生物制剂"相结合的综合修复处理方式进行处理研究。

底泥在研究中段和下段取两组样品进行平行性分析，上覆水在出口断面采样分析。测试方法为：pH采用玻璃电极法、溶解氧(DO)采用溶解氧仪测定法、上覆水COD采用重铬酸钾法、底泥有机质采用重铬酸钾氧化—分光光度法、氨氮的测定采用纳氏试剂分光光度法、TN采用碱性过硫酸钾氧化法、TP采用钼酸盐分光光度法等。试验布设现场见图5-6。

图5-6　试验布设现场

5.5.3.4　结果与讨论

1. 翻转、晾晒底泥效果分析

2018年7月，针对巴川河道试验区进行半边河流截留，露出河道底泥，晾晒，每天翻转2次，分别于15 d、30 d后对处理的底泥进行检测，翻晒15 d开始进行上覆水，并于覆水后15 d(即处理后30 d)进行水质检测，检测结果见表5-2。

表 5-2　底泥翻晒对底泥及其上覆水质的影响

处理	底泥指标			上覆水质指标					
	pH	有机质(mg/g)	大肠菌群(个/g)	DO(mg/L)	透明度(cm)	COD(mg/L)	氨氮(mg/L)	TN(mg/L)	TP(mg/L)
背景值	7.53	63	20 000	5.84~7.45	50~69	45.83~52.81	3.30	5.69	0.42~0.58
处理后15 d	7.83	56*	15 000*	—	—	—	—	—	—
处理后30 d	8.01	50**	12 000**	5.42~6.45*	60~74*	40.32~45.89*	3.21	5.46*	0.34~0.49*

注：* 表示 0.05 水平上显著；** 表示 0.01 水平上显著，下同。

结果表明，底泥翻晒对底泥的 pH、有机质含量和大肠菌群数量均有较为重要的影响，在翻晒 30 d，有机质和大肠菌群达到极显著水平（$P<0.01$）。

翻晒 30 d 后测定底泥上覆水的水质表明，翻晒能显著提高水体的透明度（$P<0.05$），并且可以一定程度降低水体的 COD、NH_3-N、TN 和 TP，其中 COD、TN 和 TP 达到显著水平（$P<0.05$）。

2. 消毒剂（次氯酸钙）+微生物制剂效果分析

微生物底质改良剂是通过对河道底泥中微生物的促生作用，创造一个可以完成自然降解功能的基底环境，加强污染底泥的自净功能，加速污染物的降解和河道底泥的修复。

2017 年，针对巴川河道样板区底泥进行生态修复试验，通过消毒剂（次氯酸钙）+微生物制剂相结合的综合修复处理方式进行处理研究，按 100 g/m^2 均匀喷洒消毒剂和微生物制剂到河道底部，分别于 15 d 后、30 d 后对处理过的底泥进行检测，处理 15 d 开始进行上覆水，并于覆水后 15 d（即处理后 30 d）进行水质检测，检测比较结果见表 5-3。

表 5-3　底泥改良剂对底泥及上覆水质的影响

处理	底泥指标			上覆水质指标					
	pH	有机质(mg/g)	大肠菌群(个/g)	DO(mg/L)	透明度(cm)	COD(mg/L)	氨氮(mg/L)	TN(mg/L)	TP(mg/L)
背景值	7. 53	63	20 000	5. 84~7. 45	50~69	45. 83~52. 81	3. 30	5. 69	0. 42~0. 58
处理后 15 d	8. 25	31**	2 500**	—	—	—	—	—	—
处理后 30 d	8. 32	29**	1 200**	6. 52~8. 32	54~75*	20. 32~25. 43**	1. 20**	2. 32**	0. 23~0. 32**

从表 5-3 中可以看出,通过处理后的底泥 pH 偏碱性,但是仍在一个合适的范围内;试剂与底泥接触时间越长,杀菌效果越明显,有机质降解率越高。处理 15 d 后有机质的降解率为 33. 3%~40. 4%,处理 30 d 后有机质的降解率达到 49. 2%~53. 9%;大肠菌群含量降了 1~2 个数量级,处理时间越长其大肠菌群数量越少。

结果表明,通过对底泥加入"消毒剂(次氯酸钙)+微生物制剂"后,改善了底泥的污染物质,使其向水中释放的污染物量减少,水体中的溶解氧含量略有增高,COD、氨氮、TN 和 TP 的浓度分别由 45. 83~52. 81 mg/L、3. 30 mg/L、5. 69 mg/L 和 0. 42~0. 58 mg/L 下降到 20. 32~25. 43 mg/L、1. 20 mg/L、2. 32 mg/L 和 0. 23~0. 32 mg/L,因此河道底泥修复可使污染水体水质得到显著改善和提高。

第6章 城市河流水体生物修复技术

6.1 概 述

水体生物修复方法是利用培育的植物或培养、接种微生物的生命活动，对水中污染物进行转移、转化及降解，从而使水体得到净化的技术。

水体生物修复技术通过生物措施恢复河流生态系统，提高水域净化能力。此外，水生植物的过度繁殖致使水体缺氧，为有效地控制水中藻类，可以放养适量的鱼类，以太阳能为初始能源，通过生态系统中多条食物链的物质迁移、转化和能量的逐级传递，将有机物和营养物进行降解和转化，以达到去除污染的效果。

该方法具有处理效果好、工程造价相对较低、不需耗能或低耗能、运行成本低廉等优点。另外，这种处理技术不向水体投放药剂，不会形成二次污染。

(1)增加生态系统的多样性。包括生态环境多样性、物种多样性、景观多样性、功能多样性等。

(2)增加生态系统的自净能力。对于水体生态系统，增加水中污染物的沉降，降低底泥污染物的释放，改善水体的透明度，抑制藻类水华的发生；对于陆地生态系统，则减少污染物进入湖泊的数量。

(3)增加生态系统的稳定性，增强自然水体抵御外界干扰的能力。被污染和破坏的生态系统往往稳定性较低，对环境的变化较敏感，生态修复包括系统多样性的修复，它将大大提高生态系统的稳定性。

6.2 微生物投放技术

微生物投放技术是直接向污染水体中接入外源的污染降解菌，然后利用投加的微生物激活水体中原本存在可以自净的但被抑制而不能发挥其功效的微生物,并通过它们的迅速增殖,强有力地钳制有害微生物的生长和活动,从而消除水域中的有机污染及水体的富营养化,消除水体的黑臭,而且还能对底泥起到一定的净化作用。

目前,国内外常用的有集中式生物系统(CBS)、高效复合微生物菌群(EM)及固定化细菌等技术。重庆桃花溪在2000年曾使用CBS技术净化河水,结果显示,CBS对BOD_5、COD、氮和磷的去除率分别为83.1%~86.6%、74.3%~80.9%、53%~68.2%和74.3%~80.9%;李捍东等利用EM对污水进行处理,向水面定期投放菌液,BOD_5、COD和磷的去除率分别达70.7%、60%和75%,EM还将造成水体富营养的氮转化成亚硝酸盐或硝酸盐;李正魁等应用固定化氮循环细菌技术对富营养化水体修复的研究显示,固定化氮循环细菌技术能在被修复水体中人为营造一种具有良好水气通道和硝化-反硝化微孔立体结构界面的微环境,从而大大增加了水体的硝化-反硝化能力,使水体中过量氮污染物被不断地去除。

6.3　水生植物修复技术

水生植物一般是指能够长期在水中或水分饱和的土壤中正常生长的植物。水生植物主要包括三大类:高等藻类、水生藓类和水生维管束植物,在治理污水中应用最多的是具有发达的机械组织、个体高大的水生维管束植物。水生维管束植物按生活型可分为挺水植物、漂浮植物、浮叶植物和沉水植物。

根据群落的概念,水生植物群落可以看作是植物的一种组合。水生植物群落与水环境相互依赖、相互影响,与水环境及周边伴生的有机体共同构成了水体生态系统。由于其生境为水陆界面相互延伸扩展的重叠空间区域,群落常处于生态演替的过渡阶段,群落之间一般缺乏明显的界线,因而水生植物群落中的不同种群间存在着紧密联系,同时个体性表现得较为充分,拥有各自稳定的内部环境。

6.3.1 水生植物的净化作用

水生植物是水生态系统中的初级生产者,不仅是水体食物网的重要成员,同时在水体溶氧供应、营养循环中起到重要作用,还为其他水生动物提供生存空间和产卵栖息地。它在吸收水体中营养物质的同时,不仅对藻类有抑制作用,而且对有毒有害物质也有一定的净化作用,还能促进微生物对有机物的降解。因此,水生植被的恢复也备受人们的关注,同时也取得了一些有价值的经验。

国外通过水生植物对污水净化作用的研究,始于1953年Seidel博士利用芦苇去除大量有机物和无机物净化富营养化水体;Helle通过北欧的佩普西湖中水生植物物种丰富度和频率的关系,从而降低了富养化程度;Angela等利用水生植物处理台湾市政工程污水中的全氟化合物。Ayyasamy利用水葫芦、水浮莲、槐叶萍净化高含氮量水,构建小型芦苇湿地或芦苇床净化富营养化污水,表明水葫芦具有较高的去除效率。Koichi等研究表明,水生植物的根、茎、叶能吸收底质中的氮、磷,在有沉水植物分布的水体中,COD、BOD、总磷、氨氮等水质指标都远低于无沉水植物分布的水体,以沉水植物为基础建立的水域生态系统的稳定性远远高于以浮叶植物为主的生态系统;沉水植物除能吸收和降解水体中过高浓度的营养盐、N、P外,还能浓缩和富集一些重金属离子和某些小分子有机污染物质;Qiao等发现经过生态修复沉积物中的重金属离子毒性减弱,沉水植物除对水体和底泥中的氮、磷吸收明显外,对重金属离子Cu、Pb、Zn、As也有较好的吸收。

我国20世纪70年代,水生植物开始受到关注,因为其具有高效低耗、管理方便、净化效果好等优点。大型水生植物介于水陆、水气及水泥界面,对生态系统循环起着调节作用,并且有独特的经济效益和良好的净化能力,为建立良好的水生生态奠定基础。利用大型水生植物净化富营养化水体不仅可以为鱼类提供栖息繁殖场所、浮游动物避难所,也是周围丛生生物的附着基。雷泽湘等利用沉水植物苦草、马来眼子菜、轮叶黑藻和浮叶植物荇菜、菱等5种水生植物对水体开展试验,表明对总磷、磷酸盐、总氮、硝态氮具有较好的去除效果。金树权等探讨了筛选水生植物的一个标准是氮、磷的吸收量而不是植物氮、磷的含量,由水生植物净化水体能力试验得知,去除率和植物净增生物量的相关性较高。

水生植物在湿地中的各种生物相互协作,构成了生态微环境,从而净化由农业面源污染引起的污染水体。由于水生植物在生长过程中能忍耐土壤中高浓度污染物的毒性,为植物对土壤和水体中的污染物吸收和降解提供理论依据。李睿华等在山东省淄博市孝妇河河滩地上进行中试,用河岸芦苇、茭白和香蒲植物带处理受污染河水,试验结果表明,三种植物均能强化去除污染物,其中芦苇带效果最好,植物带水体的溶解氧变化比无植物带小,水温比无植物带低,这三种河岸植物带在河水中污染物的去除和改善水环境条件等方面表现了不同的特点,在河岸带修复时应尽可能保证水生植物的多样性。黄亮等在大清河河口西侧构建了由水芹菜、马尾草、伊乐藻和狐尾藻等 4 种不同生活型水生植物组成的水生植物塘系统,研究表明,这四种水生植物均具有一定的抗水力冲击负荷能力,能适应河道污水水质和水量均不稳定的动态变化特征,对水中氨氮、总磷、总氮、硝态氮及 COD 的去除率达到 5.7%~41.4%,其中水芹菜和狐尾藻的综合净化效果最佳。田琦等在室内实验室种植伊乐藻、金鱼藻、苦草、金鱼藻及菹草 5 种太湖流域常见的沉水植物,以研究其对水环境质量的改善能力,结果表明 5 种沉水植物均有一定能力去除水体中总磷、总溶解态磷、总氮、叶绿素 a,增加水体中溶解氧浓度,其中金鱼藻综合净化效果最佳,可作为太湖流域富营养化修复的先锋植物。陈梅等研究苦草、金鱼藻、黑藻、菹草和菖蒲对微污染地表水的净化效果,试验结果表明,这 5 种植物对微污染水体中的氨氮、总氮、总磷均有一定的去除效果,每种植物去除效果有所不同,菹草相对其他几种植物对各种指标的去除效果较差。此外,水生植物能快速提高水体透明度,金鱼藻和菖蒲的增氧效果明显。

水生植物的搭配直接影响水体的净化效果。张超兰等从不同生活型水生物的相互配置角度,构建了对城市生活污水净化的人工湿地系统,综合控制水体的富养化程度,并且提高了景观效果。宋涛等利用多种植物搭配组合处理污水,克服了单一物种的弊端,王谦等分析了不同生活型的水生植物对重金属的累积效果,探讨了对重金属修复的影响因素,包括生活型、生物量、水体的性质、重金属的类型等。田如男等利用水罂粟、黄菖蒲、黑藻和三白草4种水生植物构建9种不同组合,对模拟的富营养化水体净化效果进行研究,结果表明,结构组成较复杂的黑藻+三白草+黄菖蒲和三白草+黄菖蒲+水罂粟+黑藻组合具更强的去氮除磷能力。刘足根等选用金鱼藻、水菖蒲、狐尾藻和香蒲4种植物组合搭配开展净化富营养化水体的动态模拟试验研究,表明不同生活型水生植物物种的合理搭配比单一植物群落对氮、磷去除率更高。李欢等在模拟不同水体富营养化条件下,研究雨久花、黄花鸢尾、泽泻和野慈姑4种挺水植物,狐尾藻、黑藻、金鱼藻和竹叶眼子菜4种沉水植物及其组合群落对富营养化水体中总氮、总磷的去除作用,结果同样证实了混合群落较单一植物群落具有较高的去除氮、磷能力。

在植物群落配置过程中,不仅要注重不同植物的生长环境间的差异,还要在兼顾景观效果的前提下进行合理配置。李雄清通过模拟富营养化水体研究水生植物组合构建技术,最终确定穗花狐尾藻+狭叶香蒲的镶嵌组合为不同生活型水生植物镶嵌组合试验中的最优组合。李秀芳等对狐尾藻、金鱼藻和眼子菜3种植物两两组合对富营养化水体的修复试验结果进行综合评价,得出狐尾藻+眼子菜组合对污染物有较高的去除效果。

综上所述,水生植物修复技术因其耗能低或无须耗能、低廉,且具有处理效果好、工程造价低、后期管理简单等优点;同时又不会形成二次污染,还可以与景观建设相结合,营造一种人与自然相融合的美好环境,因此水生植物修复技术成为治理富营养化水体的主要发展方向之一。由于水生植物具有一定的生态位和生物学特征,在引种时一定要防引种的盲目性,防止外来物种的大量入侵,对生态安全构成威胁。

6.3.2 水生植物的净化机制

在水生植物净化污水的机制方面,最早得到认可的是德国学者Kickuch R. 于1977年提出的根区法理论,后来提出的净化机制都是在此理论基础上完善和发展的。他认为,生长在湿地中的挺水植物将空气中的氧运送到植物根部，经过根部的扩散，在根须周围形成一种微氧的环境，而在根须稍远的地方形成厌氧缺氧的环境，有利于进行硝化-反硝化反应及微生物对磷的过量积累作用，从而有效去除水体中的总氮、总磷。

目前大部分研究认为水生植物净化水体的途径主要有以下几个方面：

(1)物理作用。水生植物可通过对水流的阻尼或减小风浪扰动，同时也降低了水流速度，这为水体中悬浮固体的沉淀去除创造了条件，从而加快了净化速度。在易受风浪涡流及底层鱼类扰动影响的浅水底层，沉水植物有利于形成一道屏障，使底泥中营养物质溶出速度明显受到抑制；河边挺水植物为主的水路交错带，有利于对面源污染物的去除和沉淀等。香蒲就是利用它的地下茎和根形成纵横交错的地下茎网，对有机物和新陈代谢产物起到沉降、过滤的作用，使悬浮物质沉降。

(2)吸收与富集作用。植物的生长与繁殖需要通过根、茎、叶等从水中吸收氮、磷等营养物质，植物直接吸收的污染物包括氮、磷等植物营养物质和对水生生物有毒害作用的某些重金属和有机物。第一类被吸收后用以合成植物自身的结构组成物质，第二类是脱毒后储存于体内或在植物体内被降解。当水生植物被运移出水生生态系统时，被吸收的营养物质随之从水体中输出，从而达到净化水体的作用。许多水生植物还具有较高的耐污能力，能富集水中的金属离子和有机物。张鸿研究了凤眼莲、水芹人工湿地对东湖污水中氮、磷净化率与有关细菌的嗜氮、磷的关系，结果发现：人工湿地中，除植物本身可以直接吸收氮、磷化合物外，其根系分泌物也可促进某些嗜氮、磷细菌的生长，促进氮、磷释放、转化，从而间接提高净化率。

(3)降解作用。研究表明，污水中可被生物降解有机物的去除主要是因为微生物的代谢活动；植物对氮、磷的吸收只占全部去除的2%~5%，主要表现在促进反硝化作用、与微生物协同作用以及促进相关酶的活性等几个方面。尽管微生物在净化污水时起着直接作用，但植物的作用也是不可缺少的，植物的生理代谢活动直接关系到污染物的降解。水生植物群落的存在，为微生物和微型生物提供了附着基质和栖息场所。这些生物能大大加速截留在根系周围的有机胶体或悬浮物的分解矿化。

(4)过滤与沉淀作用。浮水植物发达的根系与水体接触面积很大,能形成一道密集的过滤层,水流经时不溶性胶体会被根系黏附或吸附而沉淀下来,特别是将其中的有机碎屑沉淀下来。与此同时,附着于根系的细菌体在进入内源生长阶段后会发生凝聚,部分为根系所吸附,部分凝集的菌胶团则把悬浮性的有机物和新陈代谢产物沉降下来。

(5)对藻类的抑制作用。主要通过生化他感作用,生化他感作用一方面表现在水生植物在吸收营养物质和利用光能等方面与藻类形成竞争,水生植物个体大、生命周期长,吸收和储存营养盐的能力强,能很好地抑制浮游藻类的生长;另一方面,水生植物能向水中分泌化学物质,如类固醇等抑制藻类的生长。

水生植物的存在,有利于形成一个良性的水生生态系统,并能在较长时间内保持水质的稳定。不同植物对营养盐的吸收和水体净化效果差异较大,而且对于同一种植物来说,某一方面效果好,可能另一方面效果会相对差些。因此,在开展植物修复工程时,应根据污染河流原来的系统特征,按照一定的程序利用人工补种等手段,构建由漂浮植物、浮叶植物、沉水植物及根际微生物等组成的人工复合生态系统,并且要合理搭配植物,进行多种植物组合,同时考虑到植物功能方面的季节性差异,以保证能够周年循环。另外,对当地气候的适应、植物的抗逆性及对病虫害的抵抗能力、植物管理的难易包括植物的后处理等也应给予考虑。植物引种最适宜的季节是在秋末冬初,此时引种的水生植物能够有效、快速地提高水体透明度,改善富营养化水质感观指标,对富营养化水体中的营养盐有较强的去除作用。

6.4 生态浮岛技术

6.4.1 生态浮岛技术研究进展

生态浮岛(见图6-1)又称浮床、人工生物浮床、无土栽培浮床,经过人工设计,采用现代农艺和生态工程措施综合集成的水面无土种植技术,将水生植物种植在浮于水面的床体上,利用水生植物的吸收、吸附、截留作用以及植物根系附着的微生物对污染物的降解作用，达到净化水体、增加水体透明度、改善水质、有效控制水体污染的一项新型水体原位修复技术。

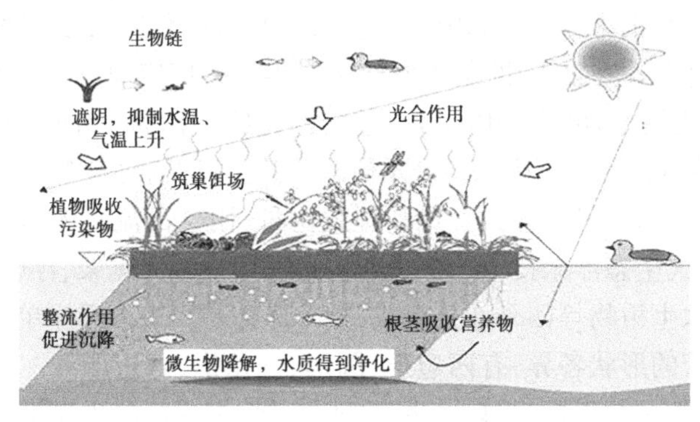

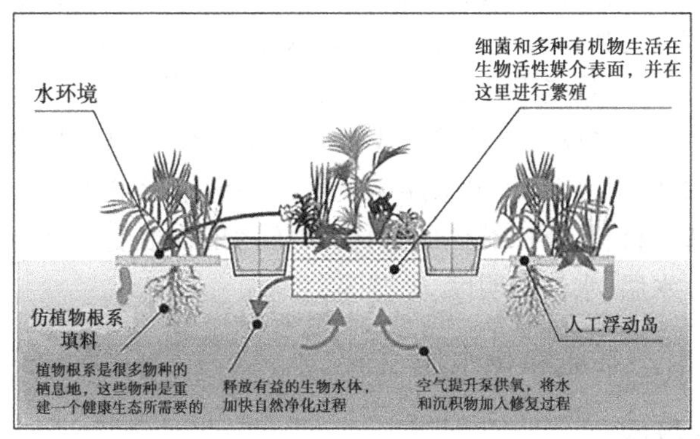

图6-1　生态浮岛

浮岛技术通过生长在水中的根系吸收大量的氮、磷等营养物质，促进有机污染物的降解。植物根系、浮床和基质在吸附悬浮物的同时，也为微生物和其他水生生物提供栖息、繁衍场所。生态浮岛净化技术不仅有效净化水质，而且大大改善区域景观。与其他技术相比，生态浮床(岛)技术具有施工简便、成本低、易于管理且占地面积小等优点，国内外多年的实践证明，生态浮床(岛)技术具有有效净化水体、美化城市景观、增强生物多样性等多重功能。

20 世纪 70 年代末,德国建造了世界上最早的水污染治理的生态浮岛;1988 年德国植物学家概括了生态浮床(岛)的六大功能:防止堤岸侵蚀和保护海岸线、为野生动物提供栖息地、美化景观、对水质净化和过滤、生物消毒作用。1995 年国际湖泊会议召开后,该技术被进一步认可,并迅速在日本、欧美等发达国家得到推广应用。我国先后在上海、杭州、无锡、温州等大中小城市进行了生态浮床(岛)治理城区污染河道试验,为我国人工浮床(岛)技术研究及其应用积累了丰富经验。

生态浮床技术可分为干式和湿式两种,用于河流水体污染的治理主要是湿式生态浮床技术。常用的生态浮床由浮床框架、浮床床体、浮床基质、水生植物等四个部分组成,整个床体是由多个浮床单体组装而成的,浮床的形状各异,有四边形、圆形、三角形、六边形等。随着水体污染治理技术的不断发展,一些新型、环保、多功能的生态浮床技术得到开发与发展,如梯级生态浮床技术、太阳能动力浮床技术、复合式生态浮床技术等。其应用效果主要取决于水生植物遴选技术、浮床制作技术、作物的栽培技术以及栽培残体的处理技术等,其中植物的遴选起着决定性的作用。因而,生态浮床技术的关键指标主要有水生植物种类、浮床基质材料、浮床载体的选择、水体污染物浓度以及浮床应用的环境介质(水温、水体透明度、光照等)。

6.4.2　生态基质净化水质试验

6.4.2.1　概述

水质生态净化技术又称植物修复技术,是一类以湿生植物或水生植物(挺水植物、沉水植物、浮水植物)群落的构建为核心,利用植物自身及其共生生物体系清除水体中污染物的系列技术。采用具有较大比表面积和容积利用率的生态基作为生物载体,在表面会形成一层生物膜。人工投加有益微生物后,能快速吸附到生物膜载体上,并通过吸附水体中的悬浮物、鱼虾排泄物,给微生物生长提供充分的营养物,并不断消耗水体中的有机物和营养盐,形成一个可自我维持的微生态系统。形成的生物膜是由高密度的好氧菌、厌氧菌、兼性好氧(厌氧)菌、原生动物以及藻类组成的微观 A/O 复合系统。生态基质净化机制如图 6-2

所示。

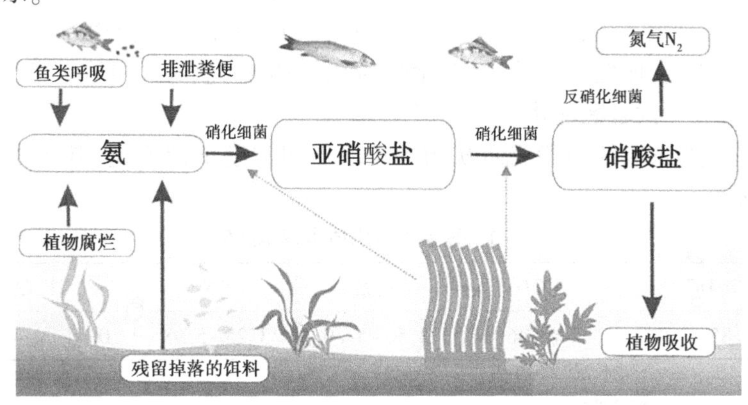

图 6-2 生态基质净化机制

生态基质技术已被广泛用于污染河流的治理中,能有效降解水体中的COD、氮和磷,消除黑臭,提高溶解氧浓度,弥补水生植物不适宜生长环境下水体净化能力,具有运行管理方便,对水体水量和水质变动有较强的适应能力等优势。

目前我国应用的水质生态净化技术主要有人工湿地、生物浮床(岛)、人工浮床(岛)、水下森林、生物飘带、滨岸缓冲带等。通过水质生态净化技术,能够截留陆域面源污染、吸附吸收水体营养物质,从而达到保障、改善水质的目的。生态浮床(岛)技术作为一种不占用土地、成本低、操作简便基于无土栽培理论,将水生植物或者改良后的陆生植物栽种岛浮岛上的原位生态修复技术,通过截留沉降、植物吸收及附着微生物的分解转化等作用去除水体中的有机物、氮和磷等营养物质。然而,生态浮床中的微生物主要来源于植物根系,微生物的数量少,对水质的净化效果有待提高。为了强化生态浮床系统中微生物的作用,在传统生态浮床植物下方放置人工填料,使人工填料和水生植物均匀交替分布,除了植物根系,人工填料巨大的比表面积也为微生物提供附着载体,形成生物膜,有利于一些生长缓慢的微生物如硝化细菌等自养菌的不断积累,从而存进水体中有机污染物的分解氮的转化。另外,人工填料强化生态浮床系统中植物根系与人工填料交错生长,植物根系分泌的小分子有机物和氧气等可以为微生物生长提供养分和适宜的生长环境，增强系统对污染物的去除能力。现有研究使用的人工填料主要有立体性填料、组合填料、纤维填料、生物绳、陶粒和稻草等。

6.4.2.2　试验区现状

试验选取的河段为重庆市铜梁区巴川河道下游河道，其水质见表6-1。

表6-1　试验河段水质指标本底值　（单位：mg/L）

DO	COD	氨氮	TN	TP
3.85~7.90	32.6~46.0	2.50~5.50	3.25~5.98	0.34~0.47

6.4.2.3　试验布设

2018年6月至2019年1月间，在重庆市铜梁区巴川河道左岸构筑由植物、基质颗粒组合构建的复合人工浮岛系统，对人工浮岛内外水体有机物、营养盐等水质指标进行检测，以分析人工浮床在河道水质治理中的作用。

1. 试验材料选择

试验用复合人工浮岛进行布设，复合人工浮岛是由美人蕉、菖蒲、“沸石+炉渣”组合基颗粒的新型组合载体复合而成的。其中组合基质放在镂空的花盆中用于固定美人蕉、菖蒲。美人蕉和菖蒲间隔排列，镂空花盆底部悬挂纤维丝载体。其中浮岛长25 m、宽2.0 m，由200个浮体组装拼接而成。浮体材料使用高密度聚乙烯树脂（HDPE），单个形状为边长50 cm的正方形、高为40 cm，可以根据需要拼接组合成多尺寸、多种形状与多种图案，且装拆迅速。浮岛能够随着水位变化上下浮动。浮岛两端和中间系钢绳固定，使浮岛浮于巴川河河道沿岸。植物选用美人蕉和菖蒲，平均高度为30 cm。

2. 水质采样与监测

数据采集时间为2018年7~12月，每隔10 d采样一次，每次采两个样，一个在浮岛内，另一个在浮岛外。监测指标与方法：溶解氧（DO）采用溶解氧仪测定法（现场测定）、COD采用重铬酸钾法、氨氮（NH_3-N）的测定采用纳氏试剂分光光度法、总氮（TN）采用碱性过硫酸钾氧化法、总磷(TP)采用钼酸盐分光光度法等。

6.4.2.4　结果与讨论

人工浮岛生态基质净化技术对水质指标的影响见图6-3。

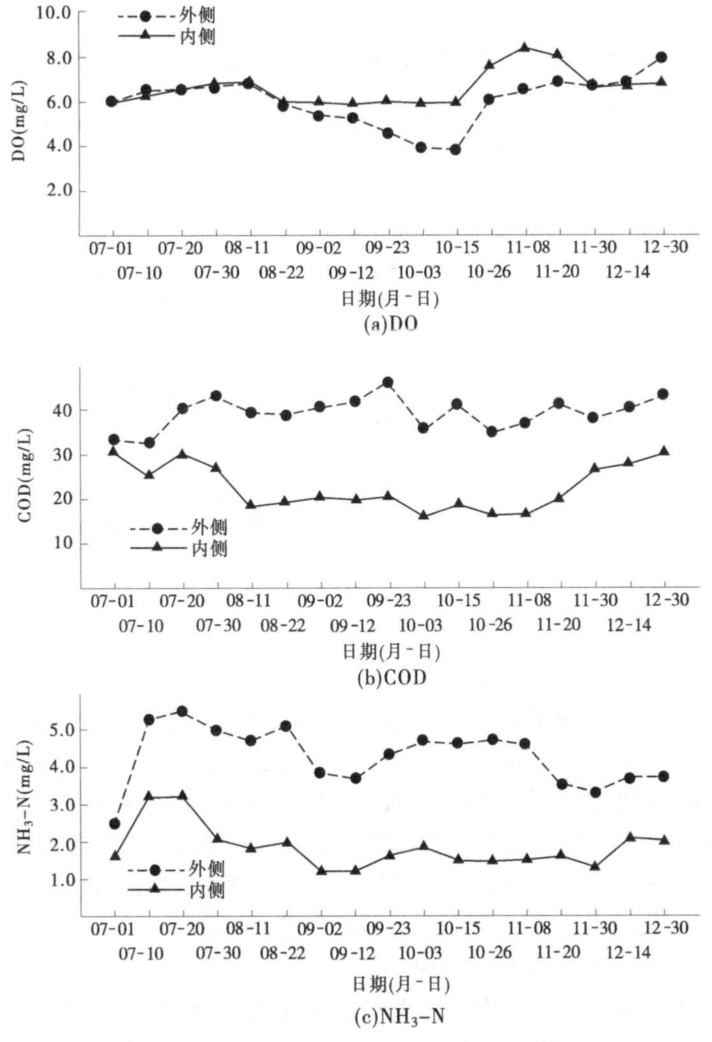

图6-3　人工浮岛生态基质净化技术对水质指标的影响

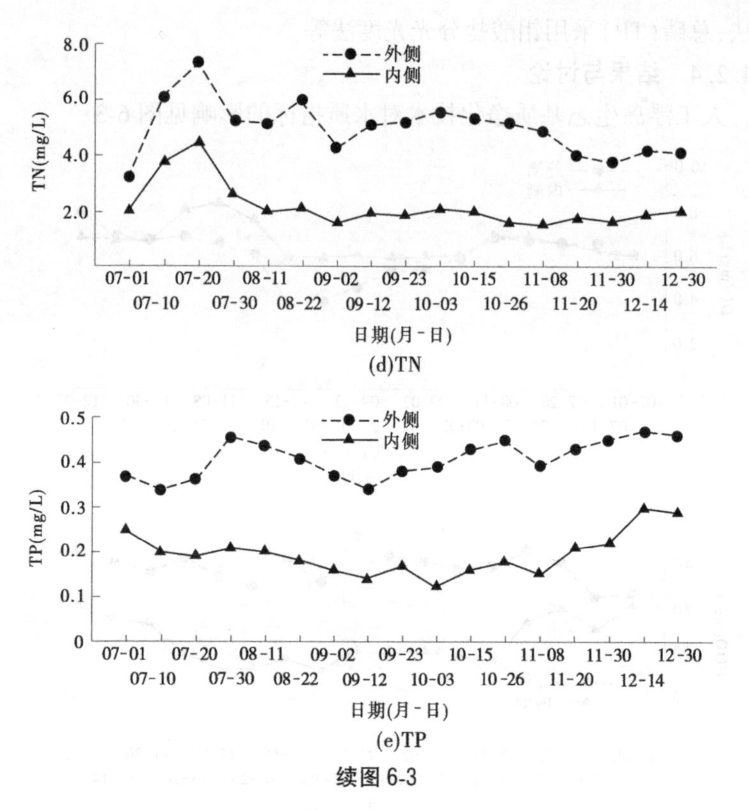

(d)TN

(e)TP

续图 6-3

1. 人工浮岛对溶解氧的影响

图 6-3(a)为试验期间人工浮岛内外溶解氧的监测结果。浮岛构筑初期(2018 年 7 月、8 月),浮岛内外 DO 之间的差异性不大,而 2018 年 9~11 月间,浮岛内植被生长茂盛,水体中的有机质被植物大量吸收,COD 含量降低,植物的光合作用增加了水体中溶解氧的含量,导致浮岛内 DO 含量提高,因此高于浮岛外。但是到达后期,花盆底部生物膜降解有机质需要消耗溶解氧,导致岛内溶解氧降低。

2. 人工浮岛对 COD 的影响

图 6-3(b)分别为试验期间人工浮岛内外 COD 的监测结果。浮岛构筑初期(2018 年 7 月、8 月),COD 的降低主要是因“沸石+炉渣”组合基颗粒对水中有机质的吸附作用,因为吸附量有限,因此降低的量不

大。而 2018 年 9~11 月间,浮岛内植被生长茂盛,可大量吸收水体中的有机质。同时镂空花盆底部悬挂纤维丝载体挂膜成功,植物的光合作用增加水中的含氧量,在细菌的作用下可以降解水中的有机质,COD 含量降低,而到后期(2018 年 12 月),温度降低,植物到达收割期,植物的吸收作用降低,光合作用降低,溶解氧含量降低,影响其生物降解的速度,导致 COD 降解能力下降,减小了岛内外 COD 的差距。

3. 人工浮岛对氨氮和 TN 的影响

图 6-3(c)、图 6-3(d)为试验期间人工浮岛内外氨氮和 TN 的监测结果。浮岛构筑初期(2018 年 7 月、8 月),NH_3-N 和 TN 的降低主要是因"沸石+炉渣"组合基颗粒对水中氮的吸附作用,因为吸附量有限,因此降低的量不大。而 2018 年 9~11 月间,植物长大,需要大量营养物质,水体中的氮吸收,致使其含量降低,而到后期(2018 年 12 月),温度降低,植物到达收割期,因此停止了对氨氮的吸收作用,但悬挂的生物膜内仍存在硝化与反硝化作用,致使 NH_3-N 的去除能力趋于平缓。

4. 人工浮岛对 TP 的影响

图 6-3(e)为试验期间人工浮岛内外 TP 的监测结果。浮岛构筑初期(2018 年 7 月、8 月),TP 的降低主要是因"沸石+炉渣"组合基颗粒对水中 TP 的吸附作用,因为吸附量有限,因此降低的量不大。而 2018 年 9~11 月间,浮岛内 TP 含量显著低于浮岛外,该变化趋势与氨氮在浮岛内外的表现一致,主要原因是在稳定的人工浮岛系统中,随着植物的快速生长,植物量不断增加,对磷的吸收加快,致使水体中磷的含量减少,同时发达的植物根系在一定程度上也促使和含磷化合物的吸附与沉淀。

6.4.3　生物碳源释放高效净化试验

6.4.3.1　概述

从水中去除氮污染主要是以利用生物的硝化-反硝化作用将氮元素转化为 N_2 从而逸出系统。如果水中碳源不足,将会使反硝化作用不彻底,致使水体中硝态氮和 TN 浓度增高,导致水体富营养化,为了提高反硝化效果,需要向水体中投加碳源,其中水溶性碳源因易于溶解而得到广泛应用,常用的溶解性碳源有蔗糖、甲醇、乙酸等,但投加溶解性碳源的成本较高,且投加量难以控制,尤其对于碳源不足的城市来讲,易溶性碳源投加后不易固定留存,且容易造成二次污染,而固体缓释碳源具有碳源释放缓慢、可长效释放碳的优点,渐渐成为研究的热点。常用玉米芯、稻壳、稻草、木屑及秸秆提取液等天然纤维素碳源作为反硝化碳源。

6.4.3.2 试验区现状

本次原位试验选取的为重庆市铜梁区巴川河碳氮比小于 1 的河段,其水质指标见表 6-2。

表 6-2 试验河段水质指标 (单位:mg/L)

BOD_5	COD	氨氮	TN	TP
4.28~6.18	20.0~37.0	2.43~5.16	4.98~11.32	0.25~0.51

6.4.3.3 试验布设

1. 材料选择及布设

2018 年 6 月至 2019 年 1 月间,在重庆市铜梁区巴川河道右岸构筑由植物、补充碳源等组合构建的人工浮岛系统,对人工浮岛内外水体有机物、营养盐等水质指标进行检测,以分析补充碳源的人工浮床河流营养盐等物质的去除作用。

系统采用新型的生态浮床作为载体,上层栽种常绿水生植物;中层为采用生物质碳源填料,不仅可以给微生物做载体,同时可为微生物提供碳源,促进生长;下层呈“回”字形,按一定比例配置填料等吸附力强的填料,扩增微生物的附着面积。生物碳源释放高效净化生态系统如图 6-4 所示。

缓释碳源颗粒采用硅藻土、沸石粉、矿渣硅酸盐水泥等无机材料与玉米芯按比例混匀,玉米芯质量比为 5%,置入造粒机制成直径为 8~12 mm 的球形颗粒,然后将颗粒取出放置于阴凉处,每天早晚各洒水养护一次,洒水至颗粒表面湿润,养护 3~5 d 后晒干即可得到缓释碳源颗粒。选用美人蕉和菖蒲,平均高度为 30 cm。

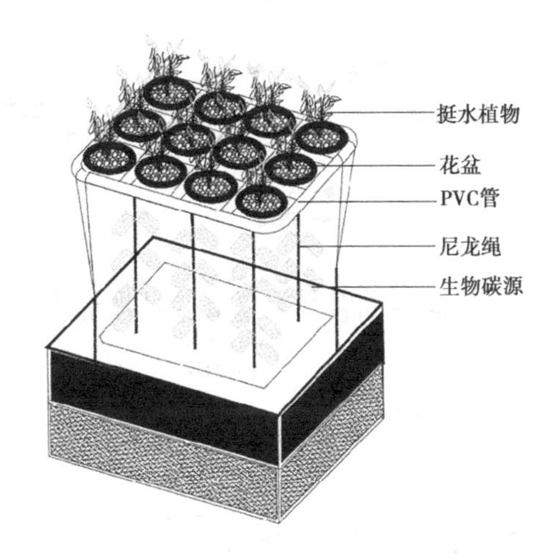

图6-4　生物碳源释放高效净化生态系统

根据本项目分区设计,生物碳源释放高效净化生态系统(如图6-5所示)主要布置在自然生态恢复区,沿河道两岸分片布置。

图6-5　生物碳源释放高效净化生态系统

2. 水质监测

水质数据采集时间为2018年7~12月,开始启动时,监测间隔短,稳定后监测时间加长,每次采两个样,一个在浮岛内,另一个在浮岛外。监测指标与方法同前。

6.4.3.4　结果与讨论

生物碳源释放技术对水质指标的影响见图6-6。

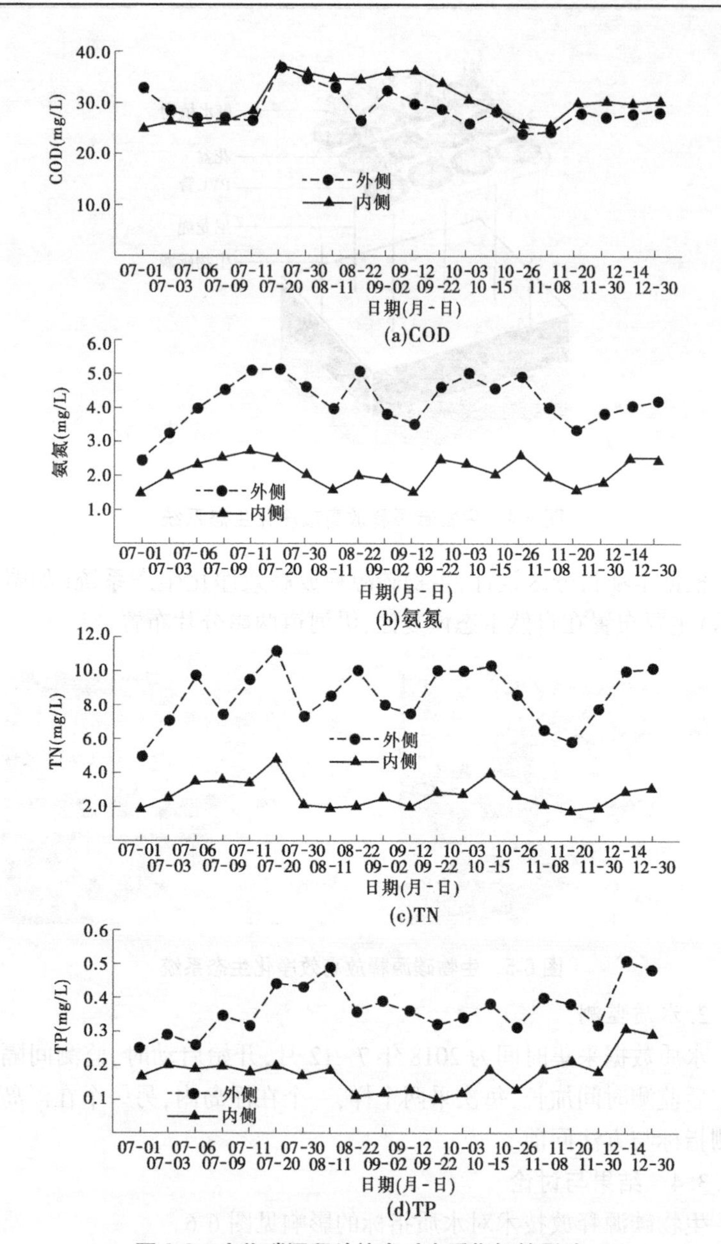

图 6-6　生物碳源释放技术对水质指标的影响

1. 补充碳源对河流COD的影响

图6-6(a)为试验期间人工浮岛内外COD的监测结果。浮岛构筑和碳源释放初期(2018年7月10日之前),岛内的COD降低是由于基质颗粒的吸附作用,但是随着缓释碳颗粒有机碳源的释放,导致岛内COD含量基本稳定,随着人工浮岛内植物的生长繁殖,植物量不断增大,可吸收有机质,因此岛内的有机质含量降低。而到后期(2018年12月),植物处于收割期,吸收能力降低,缓释碳源释放能力同时在减弱,因此岛内外COD含量差距不大。

2. 补充碳源对氨氮和TN的影响

图6-6(b)为试验期间人工浮岛内外氨氮的监测结果。通过同时期人工浮岛内外的对比可以发现人工浮岛对氨氮有明显的去除效果。在工艺初期,氨氮的去除率主要依托基质颗粒的吸附作用,随着岛内生态系统的完善,植物的生长需要大量的营养物质,因此氨氮的去除率不断提高,系统稳定之后氨氮的去除率保持在50%以上。

图6-6(c)为试验期间人工浮岛内外总氮的监测结果。通过同时期人工浮岛内外的对比可以发现人工浮岛总氮有明显的去除效果,并且效果优于氨氮,去除效果平均在60%以上。其原因是总氮是有机氮、氨氮、硝态氮和亚硝态氮的总和。其中氨氮去除主要可以从硝化与反硝化两个过程进行解释,其反应的过程为:$NH_4^+ \rightarrow NO_3^- \rightarrow NO_2^- \rightarrow N_2$。微生物在反硝化过程中需要消耗大量的碳源,缓释碳源为此提供的碳源促进了系统的反硝化作用,提高总氮的去除效果。此外,随着人工浮岛系统的不断完善,生态基质颗粒表面附着大量的微生物,形成生物膜,在没有外加人工曝气的情况下,生态基质颗粒表面的多孔结构较为容易形成许多缺氧、厌氧的微处理区域,为反硝化微生物提供了适宜的环境,有利于反硝化的进行,因此也有助于总氮的去除。

3. 补充碳源对TP的影响

图6-6(d)为试验期间人工浮岛内外总磷的监测结果。人工浮岛初期磷的去除主要是由于生态基质的吸附作用,随着植物的生长和对磷需求的增加,磷不断被消耗,致使水中磷的浓度降低。到达后期,植物的消耗作用减弱,磷的去除率降低。

6.5　水体生物操纵技术

针对富营养化这一"水体癌症"，水生生物学家开始在水生生物种群结构调节方面进行探索性研究，提出了一些建立在食物链基础上的生物控藻理论，如美国学者 Shapiro 于 1975 年提出了生物操纵理论，通过去除食浮游生物者或添加食鱼动物降低浮游生物食性鱼的数量，使浮游动物(主要是枝角类)的生物量增加和体型增大，从而提高浮游动物对浮游植物的摄食效率，降低浮游植物的数量，进而提高透明度，改善水质。水体生物操纵技术如图 6-7 所示。

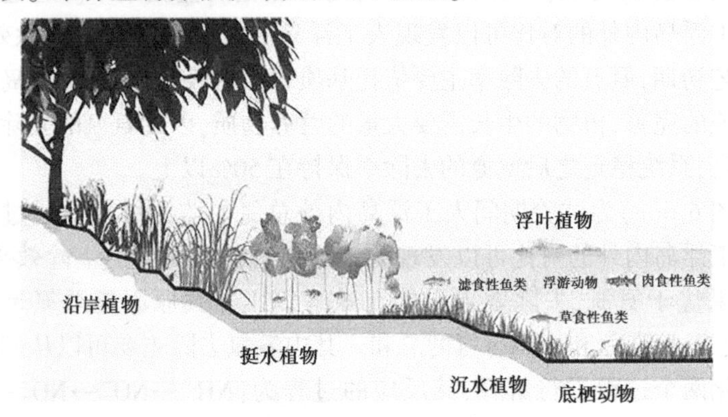

图 6-7　水体生物操纵技术

生物操纵又称水生生物食物"网、链"操纵，是利用生态系统食物"网、链"原理和生物的相生相克关系，通过改变水体的生物群落结构来达到改善水质、恢复生态平衡的目的，即通过去除浮游生物食性鱼类或添加肉食性鱼类来降低浮游生物食性鱼的数量，调控浮游动物的群落结构，促进滤食效率高的植食性大型浮游动物，特别是枝角类的发展，从而提高浮游动物对浮游植物的摄食效率，最终减少浮游植物生物量。具体方法为减少浮游生物食性鱼类，调节水体中生物群落，增强其中关联生物种群的某些相互作用，促使浮游植物特别是藻类生物量的下降。

生物操纵理论一经提出就有了新的发展，Carpenter 于 1985 年提出了由营养物质和高级捕食者共同调节的观点——营养级联反应理论，即某一营养级生产力由其捕食者的生物量限定。营养级联反应引入了营养物质的作用，其主要观点是食物“网、链”顶端生物种群的变化，通过对体型大小不同生物的选择性捕食，在营养级中自上而下传递，最终对浮游植物和对初级生产力产生较大影响。水体的营养状态决定湖泊可能实现的生产力大小，处于相同营养状态的水体生产力的差异则是因食物“网、链”作用的结果。大型枝角类等草食性浮游生物被浮游生物食性鱼类选择性捕食，因此使体型较小的浮游生物增加；而当这些鱼类不存在时，由于肉食性浮游动物对小型浮游动物的捕食和植食性浮游动物之间的竞争，体型较大的浮游动物占优势，与同等生物量的体型较小的浮游动物相比，体型较人的浮游动物的食谱较广，能摄食各种浮游植物，且分泌的营养物较少，水体营养循环速率降低。1986 年，Mcqueen 等提出了上行下行理论，它综合了资源（营养物质—浮游植物—浮游动物—鱼类的上行作用）和捕食者（鱼类种群生物量和年龄组成变动对淡水生态系统结构和功能影响的下行作用）的影响。与营养级联反应相比较，上行下行理论预测富营养化水体中，鱼类对藻类影响不大，因此上行理论控制鱼类，只有在低生产力营养系统中，对藻类种群的发展起重要作用。生物操纵、营养级联反应和上行下行理论都是以浮游动物为调控的主要因子，以控制肉食性鱼类或浮游生物食性鱼类为主要手段的理论。

6.5.1　经典生物操纵理论及技术

6.5.1.1　控制肉食性鱼类或浮游生物食性鱼类

经典的生物操纵理论、营养级联反应、上行下行理论，一般采用化学毒杀、选择性网捕、电捕、垂钓等方法减少 50%～100%的浮游生物食性鱼类，或者通过高密度放养肉食性鱼类减少浮游生物食性鱼类，促进大型浮游动物和底栖食性鱼类（可摄食底栖附生生物和浮游植物）的发展。Bergman 研究表明，通过去除浮游生物食性鱼类（鲤科鱼类）的 50%～80%，使肉食性鱼类与浮游生物食性鱼类比率为 12%～40%时治理效果最好;Ei-Shabrawy 等研究沿岸带浮游动物空间和季节性变化,发现由于缺乏浮游生物食性鱼类,导致轮虫、挠足类浮游动物占有优势;Jacobsen 等研究显示,肉食性鱼类影响浮游生物食性鱼类的种类和大小,浮游生物食性鱼类影响浮游动物(水蚤)的丰度和种类;Beklioglut 等发现控制放养浮游生物食性鱼类和底栖食性鱼类一年后,透明度增加 2.5 倍、无机悬浮固体颗粒浓度减少为 1/4.5、叶绿素 a 浓度降低;丹麦 Vang 湖 1986~1987 年春季捕捞了约 50%的浮游生物食性鱼类欧鳊和底栖杂食性鱼类,生物结构发生了显著的变化,浮游动物由轮虫占优势转为大型枝角类占优势,生物量显著上升,而浮游植物生物量显著下降,其夏季平均生物量由 1986 年的 25 mm^3/L 下降为 1987 年的 12 mm^3/L 和 1988 年的 7 mm^3/L,优势种从蓝细菌和小型硅藻变为大型硅藻和绿藻及隐藻;氮、磷浓度显著下降,夏季平均透明度由 1986 年的 0.6 m 上升至 1987 年的 1.0 m 和 1988 年的 1.3 m,光照条件得到改善。

6.5.1.2 浮游动物生物操纵

浮游动物在淡水生态系统中起着重要的作用,一方面是食物"网、链"的重要环节,另一方面又能积累和代谢一定量的污染物,是生物操纵的关键因子之一。通过浮游动物的摄食下行作用,可以达到直接控制浮游植物的目的。爱沙尼亚的 Prossa 湖,5 月下旬出现了水华之后,浮游植物生物量就保持在非常低的水平,在 6 月中旬透明度已经增加到 2.6 m,推测是由于浮游动物的摄食减少了可食用浮游植物的生物量,从而使整个夏天和秋天湖水保持清澈。为了使浮游动物起作用,必须要有特殊的条件和保证浮游动物不被幼鱼食用。Sarvala 等研究表明,晚夏的叶绿素含量可以通过总磷和水蚤生物量预测,浮游生物食性鱼的密度低于 15 kg/hm^2,将会导致叶绿素降低。因此,以水蚤等大型透明动物占优势的湖泊中藻类生物量和生产力较低。Pogozhev 等研究表明长刺蚤可以有效减少蓝细菌的数量到 1/350,也能减少铜绿微囊藻的生物量。我国学者陈济丁等认为,大型浮游动物对浮游植物的控制作用是明显的,从群落水平上看,大型植食性浮游动物能把藻类生物量控制在极低的水平;石岩等进行的试验结果也表明,利用水生浮游动物可使湖水色度变小、氮磷浓度降低、藻类被除掉、透明度上升。

6.5.1.3 经典生物操纵理论的局限性

生物操纵理论自提出以来,通过实践已经取得了一定的成果,但同时也存在一定的局限性。

1. 肉食性鱼类生物操纵作用的局限性

Shapiro 等生物操纵论者提出的治理对策是放养肉食性鱼类以消除食浮游动物鱼类,或捕除(或毒杀)湖中食浮游生物的鱼类,借此壮大浮游动物种群,然后依靠浮游动物来遏制藻类,从而避免富营养化的危害。但 Perrow 发现并非去除浮游生物食性鱼就一定有利于改善水质,他在试验后期发现水中磷的浓度居高不下,而且发生鱼类死亡现象;Noonan 所进行的城郊小型湖泊试验也出现类似的结果。

2. 浮游动物生物操纵作用的局限性

浮游动物的滤食作用可以用于恢复富营养化水体,但是也有研究者指出浮游动物对可食用藻类的摄食可能导致不可食性藻类生长,而对浮游植物总生物量起到促进作用。不可食性藻类的水华的控制将是富营养化湖泊的生态修复的一个新的研究热点。

6.5.2 非经典生物操纵理论及技术

经典的生物操纵理论中所依靠的关键因子是浮游动物,因此势必会造成某些浮游动物的大量繁殖,从而有可能引发新的问题。目前有些学者提出滤食性鱼类不仅滤食浮游动物,有的也能滤食浮游植物,并且利用滤食性鱼类直接对浮游植物进行操纵的设想在多个试验中得到了证实。武汉水生生物研究所的谢平研究组在武汉东湖利用放养鲢、鳙的办法控制了微囊藻的水华,至今效果长达十余年之久。巢湖管理委员会也采取大量放养鲢、鳙的措施,取得了显著的除藻效果;云南滇池利用鲢、鳙进行藻类水华控制也取得了突破性的进展。基于以上这些研究,刘建康和谢平提出了通过控制凶猛鱼类及放养食浮游生物的滤食性鱼类来直接牧食蓝藻水华的生物操纵,并称之为非经典的生物操纵。非经典生物操纵所依靠的放养对象正是经典生物操纵要捕除或毒杀的对象,与经典生物操纵法相比,非经典的生物操纵方法具有多方面的优点:一是持久性。这是因为非经典生物操纵所依赖的主体鱼类,可以存活数年,且种群可人为调控及食谱相对较宽,种群容易长期稳定。二是能降低营养库存。通过对鱼类的捕捞作用,可以从湖泊中移走大量的营养盐。同时,非经典生物操纵法还具有耐毒性强、种群可调控及太阳能驱动等多个优点。

非经典生物操纵理论认为直接投加滤食性鱼类也能起到很好的效果,因为滤食性鱼类不仅能滤食浮游动物,也能滤食浮游植物。谢平等在对武汉东湖的围隔试验表明,滤食性鱼类对微囊藻的水华有强烈的控制作用,同时也滤食了不少如挠足类、枝角类等大型浮游甲壳动物。目前,这项研究成果已在滇池、巢湖水污染治理中得到应用。Crismant 和 Beaver 研究认为,在热带和亚热带地区枝角类种类较少,而且体型较小,浮游植物食性鱼是更为合适的生物操纵工具。有研究发现,随着滤食性鱼类的滤食活动及其生理代谢的增加,促进氮、磷的释放,有利于浮游植物的大量繁殖和大型浮游植物被大量滤食后,导致浮游植物趋于小型化,使浮游植物的总生物量也因此而增加。

近年来,我国在水华生物操纵技术方面,还突出了优化集成组合、复合食物链筛选配置、生物种类投放量的确定以及生物操纵同其他生物技术相结合等方面的应用。

6.5.2.1 单一滤食性鱼类鲢、鳙放养

鲢、鳙属于我国四大家鱼类,喜于水域中上层活动,以小型浮游植物为食。研究表明,放养鲢、鳙可以有效控制蓝藻“水华”,白鲢对微囊藻的去除率高达 60%~93%。李元鹏等研究表明,以 3:1 比例放养鲢、鳙对水体中化学需氧量(COD_{Mn})、氨氮(NH_3-N)、总氮(TN)和总磷(TP)均有较好的去除效果;李晓洁等通过对长寿湖中鲢、鳙对水体生态系统氮、磷循环中的贡献率研究发现,鲢的氮(N)、磷(P)排泄率分别为 0.973 1 μg/(L · d)和 0.242 2 μg/(L · d),鳙分别为 0.642 5 μg/(L · d)和 0.174 9 μg/(L · d),对水体氮、磷贡献较小。但也有一些学者持反对意见,主要是鲢、鳙排泄粪便量大,而这些排泄物通过微生物分解作用,约有 50%的氮、磷会被释放重新进入水体。此外,一些研究显示微囊藻经鲢、鳙摄食后只是消化吸收了其表面的黏液胶鞘,代

谢后仍以单个细胞重新进入水体,且增强了其光合和生长活性;同时单纯的放养滤食性鱼类鲢、鳙会影响浮游动物的生物量,此方法适合抑制蓝藻“水华”而非控制藻类总量。

6.5.2.2　水生植物与滤食性鱼类鲢、鳙组合放养

为了更有效地控制水体富营养化情况,考虑将特定的水生植物与鲢、鳙组合混养,以实现发挥各生物种群对营养盐的控制作用。郑辉等通过将水生植物黄菖蒲和鲢混养发现,按2:3的生物量配比围隔混养可以净化水质,具有良好的生态作用;王晓菲等通过将鳙与不同水生植物组合研究发现,鳙与狐尾藻组合对TN的去除效果明显,去除率高达93.34%;与花皇冠组合对TP去除效果最好,去除率为56.17%。由此可见,将特定的水生植物与鲢、鳙混养可以达到协同控制作用。

6.5.2.3　水生动物与滤食性鱼类鲢、鳙组合放养

水生系统中不同动物种群食性和习性均有所差异,其对水体富营养化和藻类生物量的影响也有所不同,根据研究将不同水层和食性的水生动物组合混养,通过加强特定的食物网结构,在加强鲢、鳙控藻效果的同时,还能提高经济效益。张饮江等通过将光倒刺鲃与鲢混养发现以光倒刺鲃30 g/m^3和白鲢10 g/m^3组合可以控制丝状藻水绵量,有效改善水质;方磊等通过将中华鲟分别与鲢、鳙和背角无齿蚌组合混养,发现与鲢、鳙混养对水体透明度的提高效果显著。此外,底栖动物也是水生生态系统中不可忽略的一环,许多研究发现三角帆蚌、铜锈环棱螺等与鲢、鳙混养对微生物群落结构影响显著,对COD、TP和NH_3-N的净化效果明显,其中三角帆蚌与鲢、鳙以3:7的比例混养对TP去除效果最佳。

以往生物操纵技术的研究主要局限于对湖泊、水库的富营养化治理,将生物操纵技术应用于受污染河流生态系统的恢复的报道较为少见。河流生物操纵主要是以改变鱼类组成和密度为内容的食物链调控技术,来调整河流的营养结构,促进水质的恢复。河流生态系统中存在捕食食物链和腐食食物链两种食物链。在河流生态系统中,大部分生物量不是被捕食而是死后被微生物分解,以腐食食物链为主。在水体中,随着富营养化和有机污染的增加,水底和水层中有机碎屑积累增

多,初级生产放氧的增长逐渐变为等于或小于呼吸耗氧,促进水体中腐食食物链势力的增强,腐食食物链也随之占主导地位。利用鱼类的生物操纵作用净化水体是一项化“害”为利的有效措施。针对不同的水体污染状况,利用鱼类的不同食性,选择合适的鱼种可起到相应的净化目的。如浮游生物食性鱼类对浮游动物具有较强的生物抑制作用,其中滤食性鳗鱼对浮游植物有较好的生物控制作用,应用于湖泊水体的富营养化治理中已初见成效。因此,针对河流中以腐食食物链为主的特征,可以利用腐食性鱼类的生物操纵作用净化河道水质,恢复河流生态系统的稳定及功能。

6.6　立体生物操纵技术研究

以水生态学与水环境科学为基础,利用已有的水生生物耐污性、季相及自屏效应、生物优化配置技术,重点研究以水生植物群落恢复、底栖动物群落恢复、多层鱼类群落恢复、土著微生物群落恢复等技术为核心的立体生物操纵及生态系统恢复技术,恢复与构建自净、互促的河流生态系统和景观系统,提高城市河流的环境多样性、生物多样性、景观多样性。

6.6.1　不同组合水生植物水质净化能力模拟试验

6.6.1.1　沉水植物组合对水质净化的影响

有研究结果表明,一般情况下水生植物中净化水体效果最好的首先是沉水植物和漂浮植物,其次是浮叶植物,挺水植物居后。沉水植物是指由根、根须或叶状体固着在水下基质上,其叶片也在水面下生长的大型植物,通气组织特别发达,有助于在水中缺乏空气的情况下进行气体交换,这类植物的叶子大多为带状或丝状,植物体的各部分都可以吸收水分和养料,形成了其特殊的生理结构,因此其生长过程能够更有效地吸收水体中的营养物质。沉水植物是一种与水环境有着密切关系的生态类群,对河流生态系统的结构和功能具有重要意义,被称为“生态工程师”。

1. 试验布设

1）试验材料

根据已有研究基础分析，考虑到植物对重庆的适应性以及对污水的净化效果，最终选取狐尾藻、苦草和金鱼藻3种沉水植物，挑选生长状况良好、性状基本一致的植株。

2）试验设计

试验装置统一选用规格为长50 cm、宽40 cm、高40 cm的透明玻璃缸，装入巴川河原水作为试验用水，控制水深为25 cm，沉水植物种植前在底部均匀铺置10 cm厚的粗砂用以固定植物，粗砂在试验前洗净晾干，室内安装日光灯模拟自然状态。本试验共设置7个处理单元[记为T1、T2、T3、T4、T5、T6、T7（空白）]，见表6-3。

表6-3　水生植物及其组合试验方法

序号	T1	T2	T3	T4	T5	T6	T7
植物种类	狐尾藻	苦草	金鱼藻	狐尾藻+苦草	狐尾藻+金鱼藻	金鱼藻+苦草	空白

3）采样检测与指标选择

试验每隔7 d进行一次水质检测，持续28 d。表6-4为原水水质检测数据，检测方法同前。

表6-4　原水水质检测数据　（单位：mg/L）

DO	COD	NH_3-N	TN	TP
6.26	4.28	3.82	5.41	0.47

2. 结果与讨论

1）溶解氧（DO）

由各系统DO浓度随时间的变化（见图6-8）可知，试验各系统初始DO浓度均为6.26 mg/L，系统的DO浓度都呈上升趋势，各植物系统各时期的DO浓度均高于对照的DO浓度，与对照存在显著性差异（$P<0.05$）。试验结束时，单一模式的DO浓度金鱼藻最大，苦草次之，狐尾

藻最小,组合模式的 DO 浓度都高于单一模式的(见图 6-9)。植物系统和对照的 DO 浓度相比整体偏高,这一现象的原因可能是试验采用玻璃缸模拟系统,水深较浅,水体天然复氧能力较高。

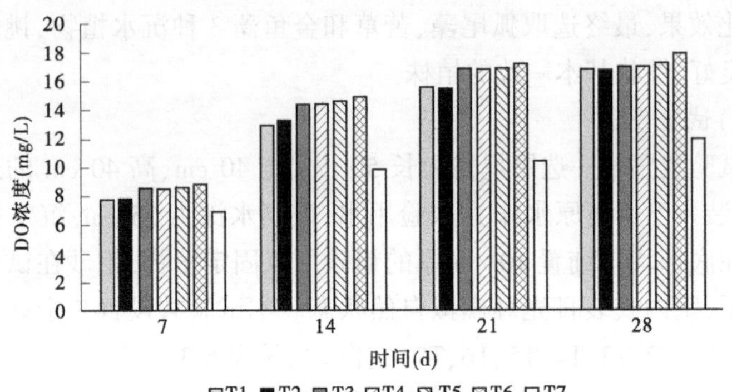

图 6-8　各处理 DO 浓度随时间的变化

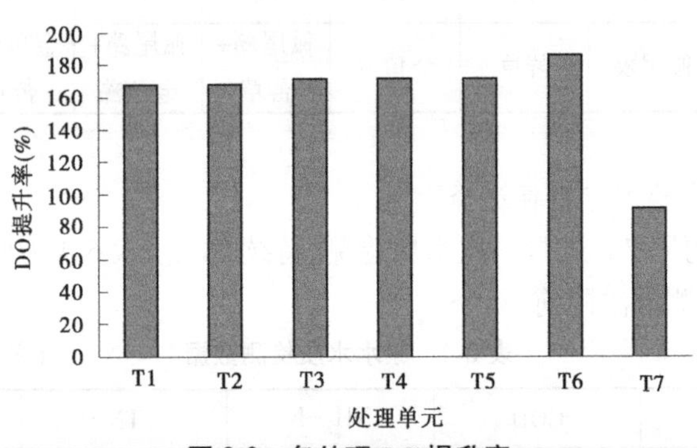

图 6-9　各处理 DO 提升率

2)COD

由各系统 COD 浓度随时间的变化(见图 6-10)可知,各系统 COD 浓度相对于初始浓度有所下降,有上下波动,无明显规律。各植物系统 COD 去除率范围在 10. 23%~20. 17%,整体去除率都不高,苦草去除率最高,达到了 20. 17%,但植物模式中狐尾藻与金鱼藻的组合 COD 去除率最低,仅高于对照 0. 2%(见图 6-11)。

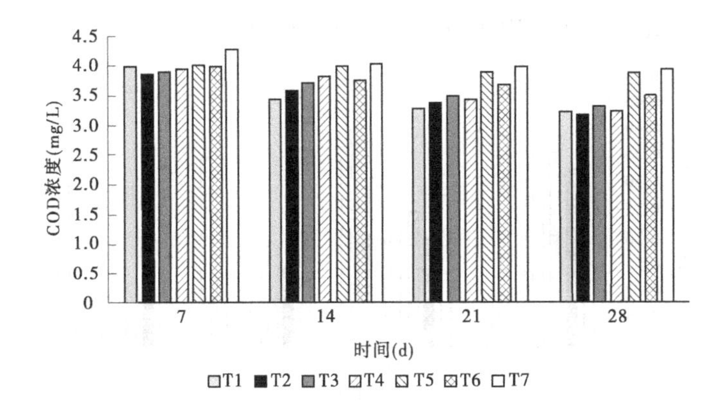

图 6-10　各处理 COD 浓度随时间变化

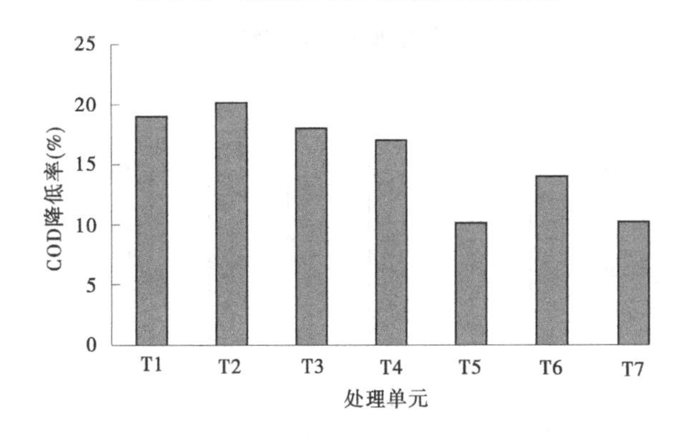

图 6-11　各处理 COD 去除率

3) TP

由各系统 TP 浓度随时间的变化(见图 6-12)可知,试验各系统初始 TP 浓度均为 0.47 mg/L,各系统的 TP 浓度都呈下降趋势,在 14 d 前,各植物系统 TP 去除速率较快,TP 浓度已经下降了 50%;14 d 后,各植物系统 TP 去除速率相对较慢。虽然对照组的 TP 浓度也随着时间推移在降低,但各个时期不同植物模式的 TP 浓度都显著低于对照的 TP 浓度(P<0.05)。由各系统 TP 去除率可知,各植物系统的 TP 去除率都远远高于对照组,存在显著性差异(P<0.05),其中金鱼藻+苦草、苦草对 TP 去除效果是较好的,去除率达到 80%以上,说明沉水植

物能有效地降低水体中 TP 的含量(见图 6-13)。

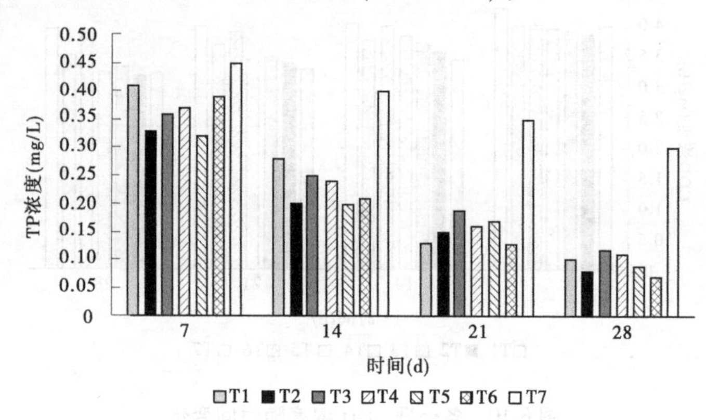

图 6-12　各处理 TP 浓度随时间变化

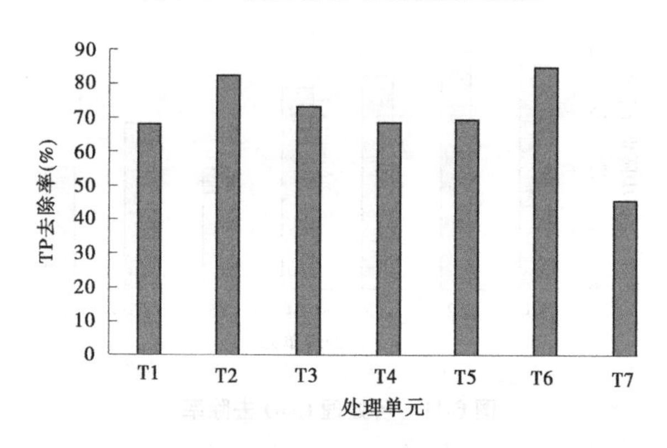

图 6-13　各处理 TP 去除率

4) TN

由各系统 TN 浓度随时间的变化(见图 6-14)可知,试验各系统初始 TN 浓度均为 5.41 mg/L,各植物系统的 TN 浓度都呈下降趋势,虽然对照的 TN 浓度也呈下降趋势,但各个时期不同植物模式的 TN 浓度都显著低于对照的 TN 浓度($P<0.05$)。在 7 d 前,各植物系统 TN 去除率较快;7 d 后,各植物系统 TN 去除率相对较慢。由 TN 去除率(见图 6-15)可知,各植物系统的 TN 去除率都远远高于对照组。其中苦草

的去除率最高,其次为苦草+金鱼藻的组合。

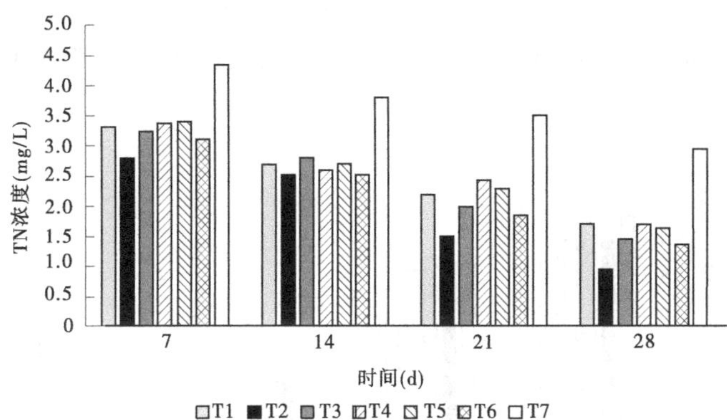

图 6-14　各处理 TN 浓度随时间变化

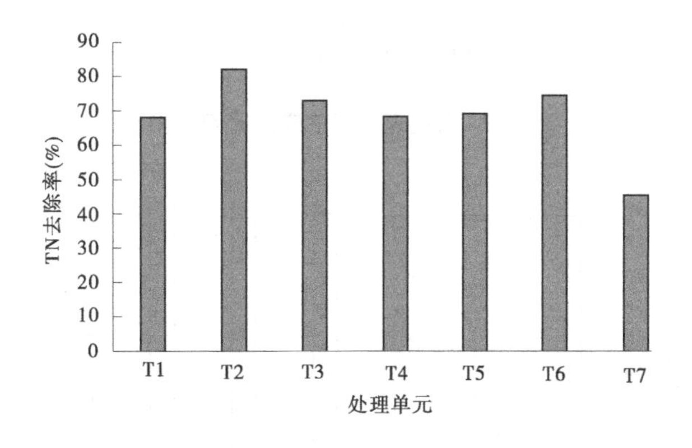

图 6-15　各处理 TN 去除率

5) NH_3-N

由各系统 NH_3-N 浓度随时间的变化(见图 6-16)可知,试验各系统初始 NH_3-N 浓度均为 3.82 mg/L,各植物系统的 NH_3-N 浓度都呈下降趋势,虽然对照的 NH_3-N 浓度也呈下降趋势,但各个时期不同植物模式的 NH_3-N 浓度都显著低于对照的 NH_3-N 浓度($P<0.05$)。在 21 d 前,各植物系统 NH_3-N 浓度急剧降低;21 d 后,各植物系统 NH_3-N 浓度趋于稳定。由各系统 NH_3-N 去除率(见图 6-17)可知,各

植物系统的 NH_3-N 去除率远远高于对照组，存在显著差异（$P<0.05$），植物组合的去除率高于单种植物的 NH_3-N 去除率，其中苦草+金鱼藻的组合去除率达到了 93%。沉水植物能有效地降低水体中 NH_3-N 的含量。

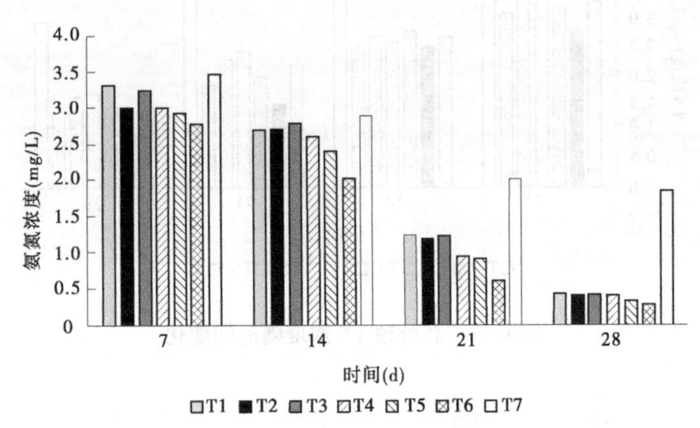

图 6-16　各处理氨氮浓度随时间变化

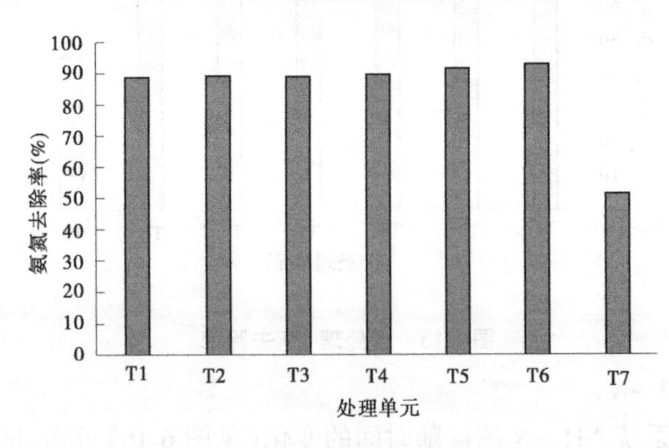

图 6-17　各处理氨氮去除率

6.6.1.2　水生（湿生）植物水质净化能力试验

1. 试验布设

1）试验材料

试验所用三种植物分别为美人蕉、蕹菜和菖蒲。挑选生长状况良好、性状基本一致的植株。

2)试验设计

试验选择 300 L 的塑料桶,在其内引入 250 L 原水,在室内安装足够光强的日光灯模拟自然状态。从铜梁区巴川河取原水作为试验用水。

本试验共设置 7 个处理单元[记为 T1、T2、T3、T4、T5、T6、T7(空白)],见表 6-5。

表 6-5　水生植物及其组合试验方法

序号	T1	T2	T3	T4	T5	T6	T7
植物种类	美人蕉	菖蒲	蕹菜	美人蕉+菖蒲	美人蕉+蕹菜	蕹菜+菖蒲	空白

3)采样检测与指标选择

试验每隔 7 d 进行一次水质检测,持续 28 d。表 6-6 为原水水质检测数据,检测指标与方法同前。

表 6-6　原水水质检测数据　(单位:mg/L)

DO	COD	NH_3-N	TN	TP
6.26	4.28	3.82	5.41	0.47

2. 结果与讨论

1)溶解氧(DO)

由各系统 DO 浓度随时间的变化(见图 6-18)可知,植物系统和对照的 DO 浓度相比整体偏高,造成这一现象的原因可能是试验采用塑料桶模拟系统,水深较浅,水体天然复氧能力较高。

由各系统 DO 浓度随时间的变化可知,试验各系统初始 DO 浓度均为 6.26 mg/L,各处理单元各时期的 DO 浓度均高于对照的 DO 浓度,与对照存在显著性差异($P<0.05$)。试验结束时,单一模式的 DO 浓度美人蕉最大,菖蒲次之,蕹菜最小,组合模式 T4 美人蕉+菖蒲组合的 DO 浓度都最高。由各系统 DO 提升率(见图 6-19)可知,各系统对

水中DO的提升率均高于对照组,说明水生植物对于污水中DO的提升有一定的影响。

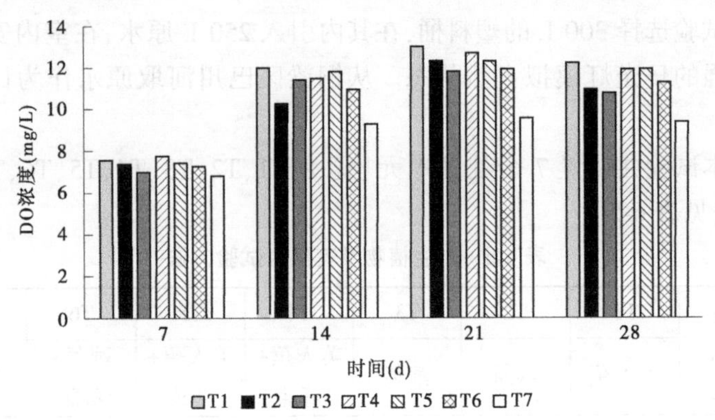

图 6-18 各处理 DO 浓度随时间变化

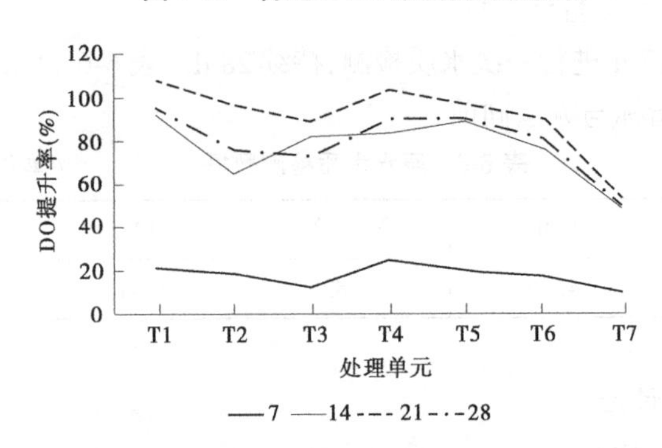

图 6-19 各处理 DO 提升率

2) COD

通过检测试验过程中COD浓度的变化计算其去除率,并综合空白处理单元COD去除率绘制出不同植物及其组合COD去除率变化曲线。各个处理单元中COD去除率随时间的变化情况如图6-20所示。从图6-21中可以看出植物组合种植的效果较单种植物种植的去除效果好;其中美人蕉+菖蒲组合去除效果最好。

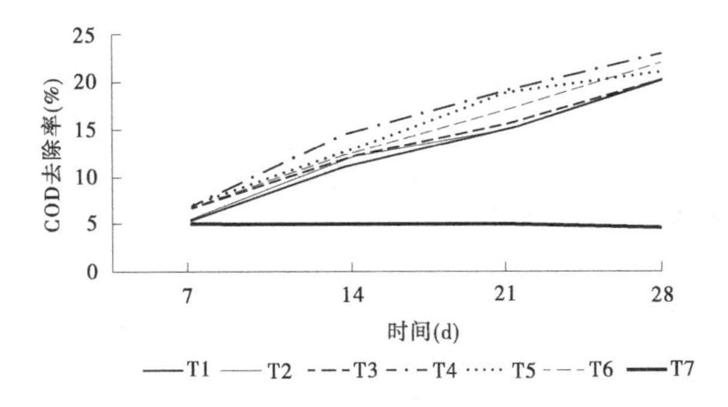

图 6-20　各处理单元 COD 去除率

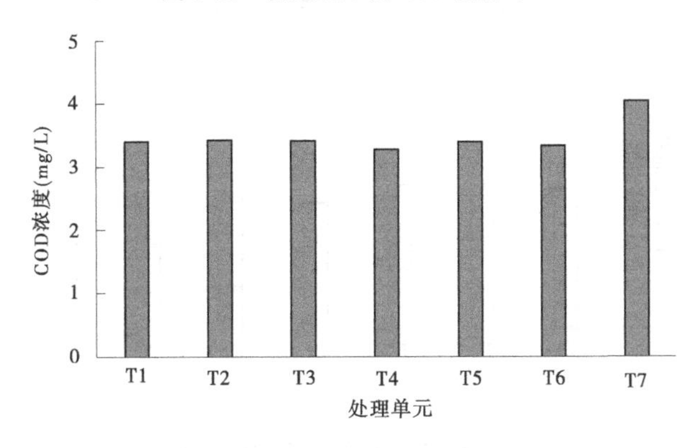

图 6-21　各处理单元 COD 均值比较

3）TN

通过检测试验过程中 TN 浓度的变化计算其去除率，并综合空白处理单元 TN 去除率绘制出不同植物及其组合 TN 去除率变化曲线，如图 6-22 所示。对变化图简单分析，T1～T6 中 TN 去除率逐渐增加，说明 3 种水生植物及其不同组合均能降低水体中 TN 浓度。比较 3 种水生植物及其组合对 TN 的平均去除效果（见图 6-23），美人蕉的净化效果最好，其次为菖蒲、蕹菜。同时可以看出，菖蒲和美人蕉组合对于 TP 的去除效果最好。

4）NH_3-N

通过检测试验过程中 NH_3-N 的变化情况计算其去除率，并综合空

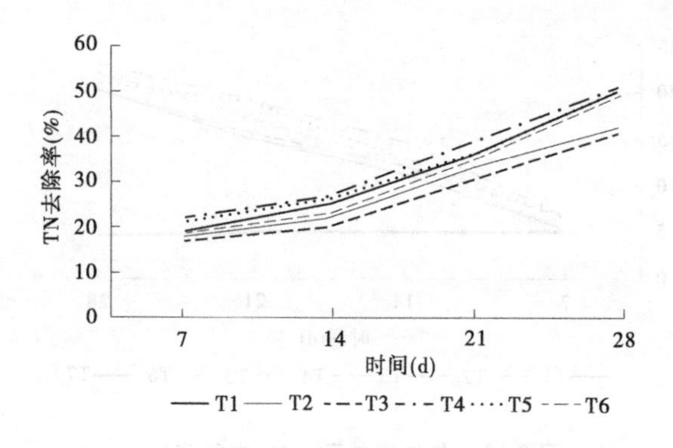

图 6-22　各处理单元 TN 去除率

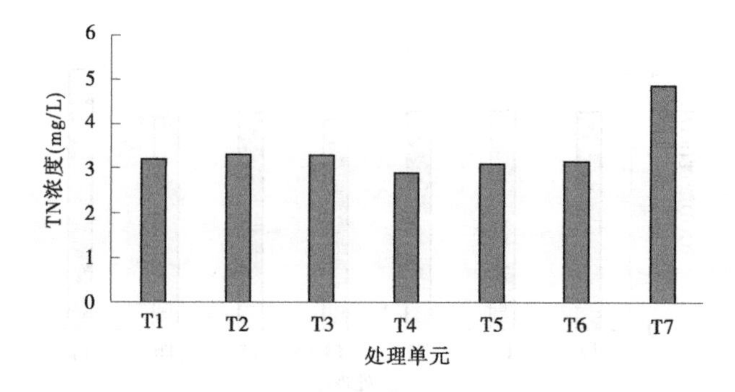

图 6-23　各处理单元 TN 均值比较

白处理单元绘制出不同植物及其组合 NH_3-N 去除率变化曲线，如图 6-24 所示。通过对变化图简单分析，各处理单元中去除率随时间逐渐增加，说明 3 种水生植物及其不同组合均能对 NH_3-N 实现一定的控制作用。比较 3 种水生植物对 NH_3-N 的平均去除效果(见图 6-25)，美人蕉对水体的净化效果次于菖蒲，但优于蕹菜。

5) TP

根据进水和定期检测数据计算 TP 的去除率，并综合空白处理单元绘制出不同植物及其组合 TP 去除率变化曲线，如图 6-26 所示。通过对变化图简单分析，各处理单元中 TP 去除率总体表现为逐渐增加的趋势，说明 3 种水生植物及其不同组合均能降低水体中 TP 的浓度。

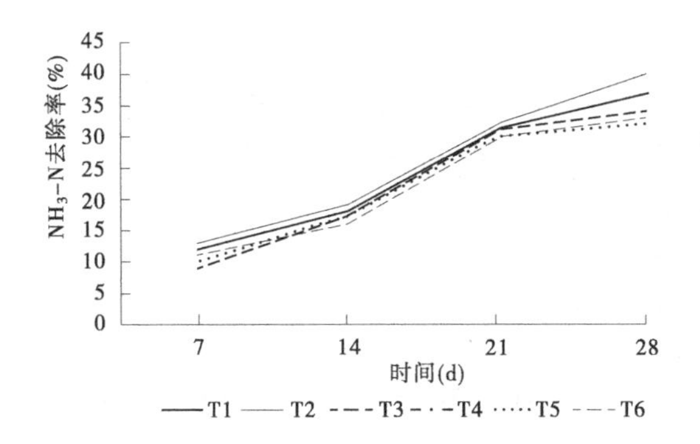

图 6-24　各处理 NH_3-N 均值比较

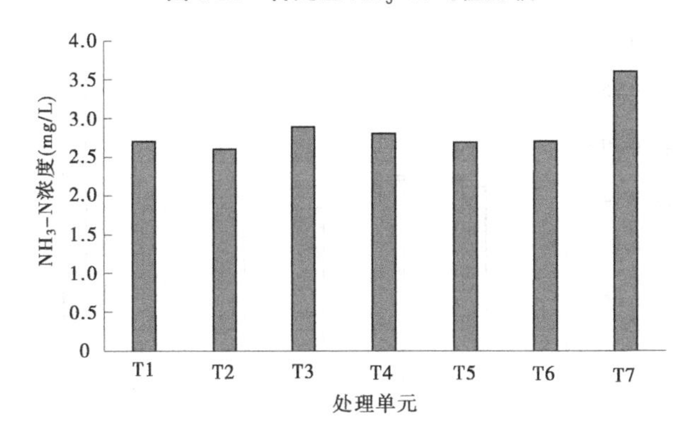

图 6-25　各处理 NH_3-N 去除率

比较3种水生植物对TP的平均去除效果(见图6-27),菖蒲的净化效果次于美人蕉,但优于蕹菜。美人蕉+菖蒲的组合模式去除TP效果最好。

3. 小结

通过在实验室模拟试验,沉水植物组合苦草+金鱼草、挺水(湿生)植物组合美人蕉+菖蒲组合在水质净化方面优于同类试验中其他处理,且沉水植物的水质净化能力较挺水(湿生)植物更好。考虑到应用范围为城市河流,挺水(湿生)植物的抗冲击性较差而景观性较好,拟将菖蒲+水生美人蕉+苦草+金鱼藻构成立体植物群落,布置于铜梁巴川河城市段合适地点进行进一步验证试验。

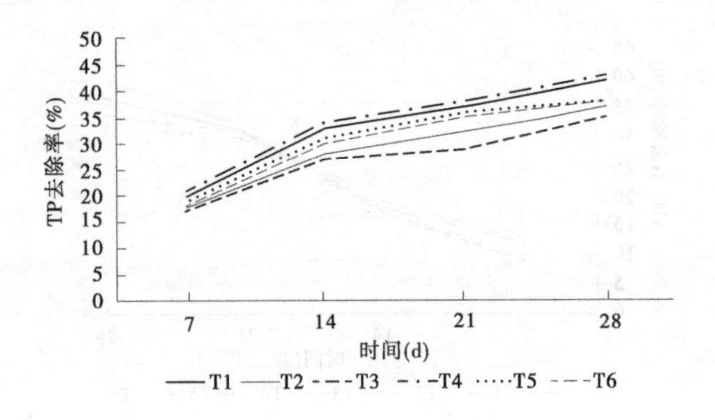

图 6-26　各处理单元 TP 去除率

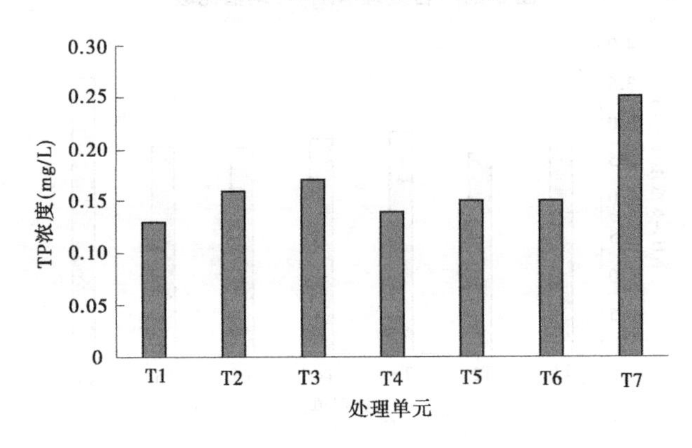

图 6-27　各处理单元 TP 均值比较图

6.6.2　水生植物水质净化能力现场试验

6.6.2.1　试验区现状

试验选取的河段为重庆市铜梁区巴川河道三星翻板闸—金龙大道段，目前该河段无水生态系统，缺乏自净能力，氨氮、总氮、总磷超标，河水呈绿色，水体透明度低，两岸滩地杂草较多，且长有外来物种水花生。经过一段时间的监测，选择河道中的一段作为试验河段进行修复治理。试验前对河段治理前水质指标分析，结果见表 6-7。

表 6-7　试验河段水质指标本底值

pH	DO (mg/L)	COD (mg/L)	氨氮 (mg/L)	TN (mg/L)	TP (mg/L)	透明度 (m)
7. 53	6. 34	4. 28	3. 82	5. 41	0. 47	0. 46

6. 6. 2. 2　试验布设

在重庆市铜梁区巴川河三星翻板闸—金龙大道段水流平缓区域进行水生植物立体空间配置。研究水生植物共生系统对水质的净化能力。配置遵循由高到低、由近及远的原则,从水平和垂直 2 个尺度进行优化配置。

1. 试验材料选择

植物材料主要选择本地的乡土植物,兼顾其净化能力、季节衔接性、景观性等因素;还考虑到试验区位于河流中,短期内水体流速较快,水体透明度低等汛期特征,选择汛期耐受性水生植物。试验区在水流平缓区河岸垂直方向由上及下,水平方向由近岸至远岸,依次种植湿生植物菖蒲,挺水植物水生美人蕉,沉水植物苦草、狐尾藻、金鱼藻。

2. 植物种植密度

菖蒲 12 丛/m^2,水生美人蕉 8 株/m^2,狐尾藻、金鱼藻、苦草 180 g/m^2。

3. 水质采样与监测

数据采集时间为 2018 年 3 月植物种植前、2018 年 4 月、7 月、10 月分别采样一次,每次设置 3 个采样点,种植前与种植后的取样点保持一致,取水点在水深 0. 5~1. 0 m 范围内,防止带入底泥影响水质监测。

监测指标与方法:pH 采用 pH 计,透明度采用塞式盘法,其他监测方法同前。

试验布设现场见图 6-28。

6. 6. 2. 3　结果与讨论

本试验当年 3 月、4 月、7 月、10 月对试验区分别进行水样采集,监测结果如表 6-8 所示,得出以下结论:

图 6-28　试验布设现场

表 6-8　水生植物群落对水质的影响

时间	pH	DO (mg/L)	COD (mg/L)	氨氮 (mg/L)	TN (mg/L)	TP (mg/L)	透明度 (m)
2018 年 3 月	7.53	6.34	4.28	3.82	5.41	0.47	0.46
2018 年 4 月	7.85	6.75	4.18	2.08	3.48	0.16	>1.2
2018 年 7 月	8.01	8.01	3.02	0.97	1.07	0.13	>1.2
2018 年 10 月	7.69	9.17	2.86	0.68	0.84	0.05	>1.2

1. 水生植物群落对透明度的影响

根据监测数据分析,试验区段种植水生植物后透明度大幅度提升,远远高于沉水植物种植前,说明水生植物群落能有效地提高水体透明度。分析原因为种植的沉水植物狐尾藻和金鱼藻的叶片多而细小,苦草的叶片大而细长,都易于拦截、吸附悬浮物质而且沉水植物进行光合作用,使水中溶解氧升高,增加微生物的活性,微生物也能降解部分悬浮物质,提高水中透明度。

2. 水生植物群落对DO、COD的影响

由监测数据可知，水生植物群落种植后的三个监测时间段DO均较植物种植前有所提高，说明水生植物的光合作用产生氧气提升DO浓度。试验区内COD浓度较种植前浓度降低。说明美人蕉、菖蒲、苦草、狐尾藻、金鱼藻立体空间植物配置模式对于水质净化有良好的效果。

3. 水生植物群落对pH的影响

试验区内pH均高于水生植物群落种植前，整体水体偏碱性，其中春夏季试验区水质监测数据显示pH偏高。可能是因为植物种植初期生长速率和繁殖速率快，而且春夏季光照足，光合作用强，植物生长旺盛，导致pH上升。可以考虑采取在夏秋季水生植物茂盛期对植物进行一定的收割，减少植物的光合作用或适当投入水生生物，水生动物的呼吸及有机物的分解过程会积累二氧化碳，使水中pH降低，同时还能丰富生物多样性。

4. 水生植物群落对水体中氨氮、TN及TP的影响

由监测数据可知，水生植物群落种植后的三个监测时间段氨氮、TN及TP浓度均较植物种植前有明显降低。主要原因为水生植物生长过程中，为了维持自身的生长发育，需要吸收水中的氮、磷等营养物质，本试验区选择的水生植物均为吸收氮、磷效果较好的植物，为保障水质稳定，应及时收割将营养物质从河流中移除。

5. 汛期对水生植物群落的影响

从汛期监测数据可以看出，本试验区内河流汛期对于植物水质净化能力影响不大。主要原因为本试验区植物选择以沉水植物为主，沉水植物苦草、狐尾藻、金鱼藻的根系较为发达，对于短期内水体流速较快、水体透明度低等汛期特征的耐受性较强，汛期对于试验区内植物生态系统的破坏性不大。

6.6.3　底栖动物水质净化能力模拟试验

6.6.3.1　底栖动物净化水质试验方案设计

1. 底栖动物的选择

常见净化水质的底栖动物有河蚌、泥鳅、螺蛳、虾、蟹、乌贼。考虑

成本、成活率及净化水质效果等原因,本试验选用的底栖动物为河蚌、螺蛳、蟹、虾。河蚌选择背角无齿蚌,俗称河蚌;螺蛳选用铜锈环棱螺,俗称螺蛳,是我国最为常见的淡水底栖生物。虾的种类选择河虾,即日本沼虾,日本沼虾是我国和日本特产的淡水虾类,也是我国淡水水域常见的虾类,俗名有河虾、青虾,隶属于沼虾属。螺蛳和河蚌食性很广,食物主要包括水生高等植物、藻类、细菌和小型动物及其死亡后的尸体或腐屑。近年来,有关底栖软体动物对水质的净化作用已有较多相关试验研究报道。

底栖动物具有强大的滤水作用与摄食量,增强了对悬浮物质的沉降作用,加速有机质的循环,可通过自身生命活动中的消化作用、排氨作用、滤(刮)食作用、絮凝作用等对水中 TN、TP、COD、Mn、氨氮、藻类进行有效的去除。

2. 底栖动物试验装置与方案

试验装置为 300 L 塑料桶,放于水环境监测与治理实训中心室内,房间内安装 30 W 日光灯进行照射补光,在水桶内距水面 10 cm 下位置紧贴水桶内壁安装小型水循环泵,水桶底部放置直径 200 mm 的气盘石曝气装置进行曝气充氧,在试验装置中放入挖自于巴川河中的底泥,试验水样为 250 L 巴川河原水,试验装置见图 6-29。

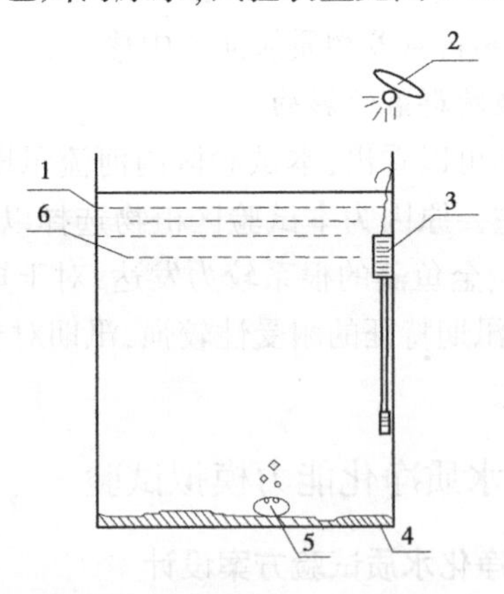

1—300 L 塑料桶;2—日光灯;3—小型水循环泵;4—底泥;5—曝气装置;6—250 L 原水

图 6-29 底栖动物优选试验装置

将本试验所选的四种水生底栖动物虾、蟹、螺蛳、河蚌按表 6-9 中平均密度放入试验装置中，记为试验组 N1、N2、N3、N4，空白对照试验组记为 N。

表 6-9　水生底栖动物试验方案

组号	N1	N2	N3	N4
试验动物	虾	蟹	螺蛳	河蚌
平均密度	30 g/m^3	30 g/m^3	35 只/m^3	4 只/m^3

试验每隔 7 d(1 周)进行一次水质检测，直至试验结束。检测指标：温度、pH 值、总磷、总氮、氨氮、COD_{Mn}、藻类总数，指标检测方法见表 6-10。

表 6-10　指标检测方法

检测指标	测定方法
温度	便携式溶解氧仪
总氮(TN)	过硫酸钾氧化-紫外分光光度法
总磷(TP)	过硫酸钾消解-钼锑抗分光光度法
氨氮(NH_3-N)	纳氏试剂分光光度法
高锰酸盐指数(COD_{Mn})	酸性高锰酸钾法
藻类总数	显微镜计数测量
藻类种属	显微镜计数测量

6.6.3.2　底栖动物对河道水质净化效果分析

1. 底栖动物对理化指标净化效果分析

1) 水温

试验期间装置内水温与河道中水温变化基本保持一致，四组试验组中水温随着外界气温的升高而逐步升高，温度由 5 月 21 日的 22 ℃上升到 7 月 16 日最高的 32 ℃，在第 18 天即 6 月 8 日水温下降，其原因是当时频繁下雨，外界温度降低，水温随外界温度变化而出现降低的情况。

2）总氮

试验期间4组试验TN含量的变化趋势见图6-30。测得空白试验组总氮含量下降了15.97%，其中总氮最高值出现在N1试验组，为1.348 mg/L；最低值出现在N4试验组，为0.814 mg/L。4组试验组中对水中总氮的去除效果相近，河蚌与螺蛳去除效果较好些。河蚌、螺蛳的排氨作用强于虾与蟹，相对来说可更有效地去除水体中总氮含量。N1、N2、N3、N4试验组相对空白总氮含量分别下降了28.30%、31.43%、31.91%、32.84%。试验期间各试验组中总氮含量在0.814～1.348 mg/L，均低于空白对照组中总氮含量。

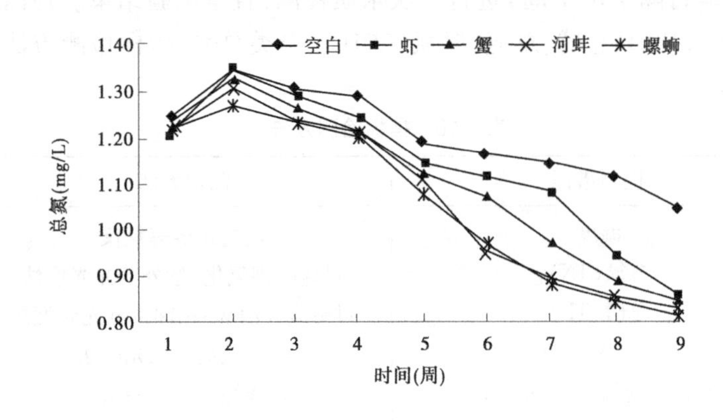

图6-30　总氮随时间变化

4组试验组中总氮含量均值对比见图6-31。从图中可以看出，4组试验组中的总氮含量均值相近，通过试验数据分析对比可知，各试验组中的TN含量均值在各个时期均低于空白试验组中TN含量均值，说明此组试验所选用的4种水生底栖动物对去除水中总氮具有一定的效果。

3）总磷

试验期间各试验组中试验水体总磷的变化情况见图6-32。试验第二次检测总磷含量稍微上升，可能与刚放入的底栖动物在新环境中生命活动有关。测得空白试验组总磷含量下降12.42%，最低值出现在N3组，为0.238 mg/L，最高值出现在N2组，为0.338 mg/L，4组试验

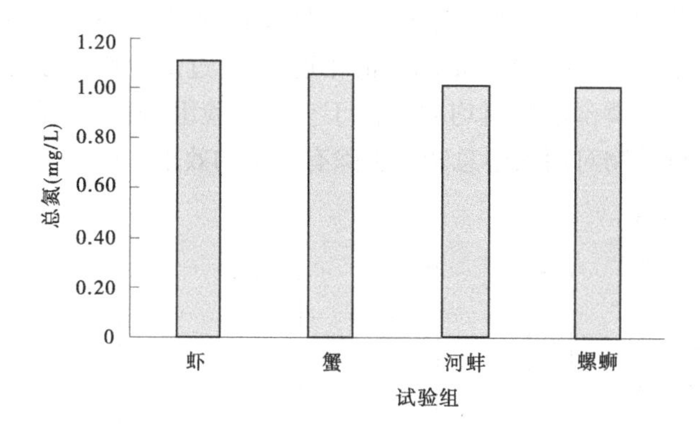

图 6-31　各试验组总氮均值

组中水生底栖动物对水体中总磷的去除效果相差较大，其中去除效果最好的为 N3 组，其他依次为 N4、N1、N2。

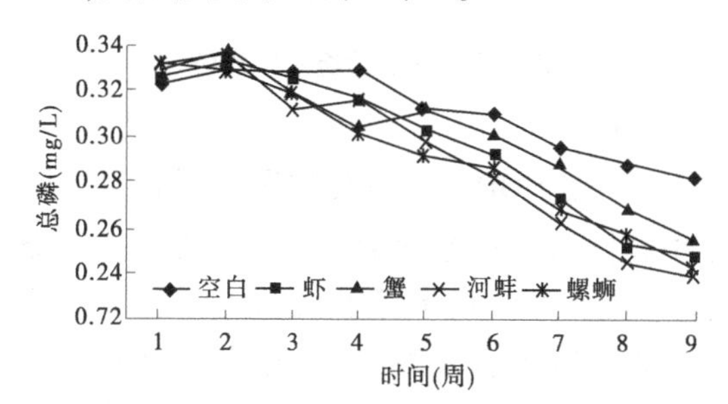

图 6-32　总磷随时间变化

N1、N2、N3、N4 试验组中总磷含量相对空白组去除率分别为 23.93%、22.26%、28.10%、27.11%，河蚌、螺蛳通过较强的絮凝作用，对水体进行过滤，滤食水体中的含磷有机质转化为自身生命活动必须的能量与营养物质。试验期间各试验组中总磷的含量一直在 0.234～0.338 mg/L，总磷含量平稳下降，说明底栖动物对水中的磷具有较好的处理效果。

此试验期各试验组水体中总磷含量的均值见图 6-33。从图中可以看出,4 组试验组中总磷含量的均值相近,但通过试验数据分析可知,4 组试验组中总磷含量均值均明显低于空白试验组,表明本试验所选 4 种水生底栖动物对用水中总磷的去除有一定的效果。

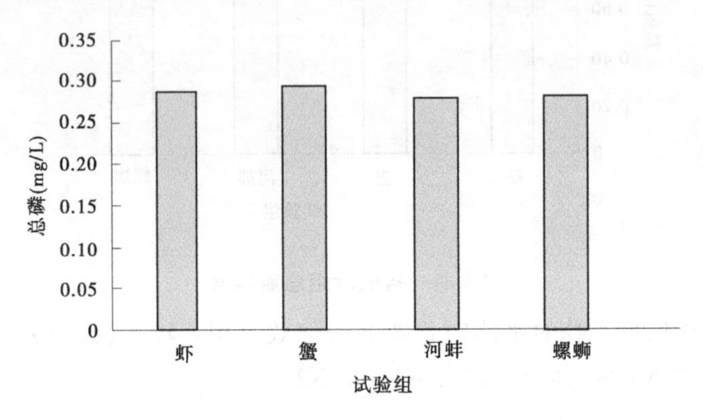

图 6-33　各试验组总磷均值

4)高锰酸盐指数

试验期间各试验组 COD_{Mn} 的变化情况见图 6-34。从图中可以看出,4 组试验组中高锰酸盐指数含量总体均呈现平稳下降趋势。测得空白试验组高锰酸盐指数含量下降了 9.34%,4 种底栖动物试验组对水体中 COD_{Mn} 的去除效果有差距,其中河蚌对 COD_{Mn} 去除率最高为 18.40%,虾对 COD_{Mn} 去除率最低只有 16.51%。河蚌、螺蛳通过相对虾、蟹更强的滤食作用去除低等藻类等有机颗粒物有效去除水体中 COD_{Mn}。相对空白试验组,N1、N2、N3、N4 试验组中高锰酸盐指数含量去除率分别为 16.51%、16.83%、18.40%、18.00%。

各试验组中 COD_{Mn} 均值对比见图 6-35。从图中可以看出,4 组试验组中 COD_{Mn} 含量无明显差异,通过试验数据分析可知,试验组中 COD_{Mn} 含量均值在各个时期均低于空白试验组中 COD_{Mn} 含量均值,表明本试验所选的 4 种水生底栖动物对水体中 COD_{Mn} 的去除有一定的效果。

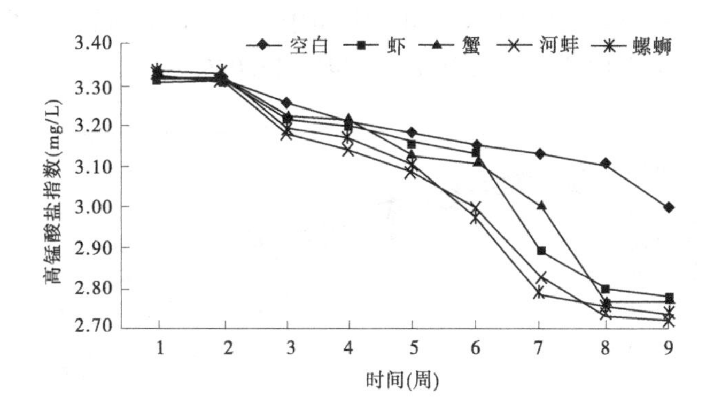

图 6-34 高锰酸盐指数随时间变化

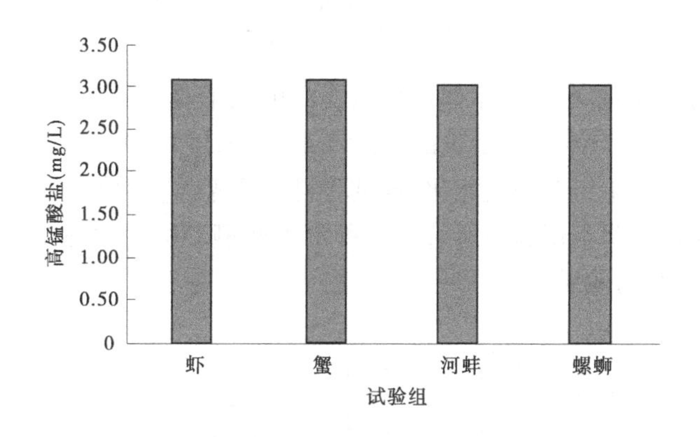

图 6-35 各试验组高锰酸盐指数均值

5)氨氮

试验期间各试验组中试验水体氨氮含量的变化情况见图 6-36。试验期间各试验组中氨氮含量最高值出现在 N1 试验组,最高值为 0. 836 mg/L。最低值出现在 N4 试验组,为 0. 701 mg/L。4 组试验组对水体中氨氮含量去除效果较好的是 N4 试验组,而 N1 试验组对水体氨氮的去除效果最差,N4 试验组中去除率达到了 15. 64%,虾试验组对氨氮去除率仅为 12. 20%。水体中氮的主要存在形式为氨氮,底栖动物利用硝化细菌、反硝化细菌和乳酸菌通过硝化和反硝化等作用将水体中氨氮循环利用加以去除。分析试验数据,得出空白试验对照组中氨氮含量下降了 8.94%，N1、N2、N3、N4 试验组中氨氮含量分别低于空白试验组氨氮总含量 12.20%、13.08%、15.64%、15.02%。

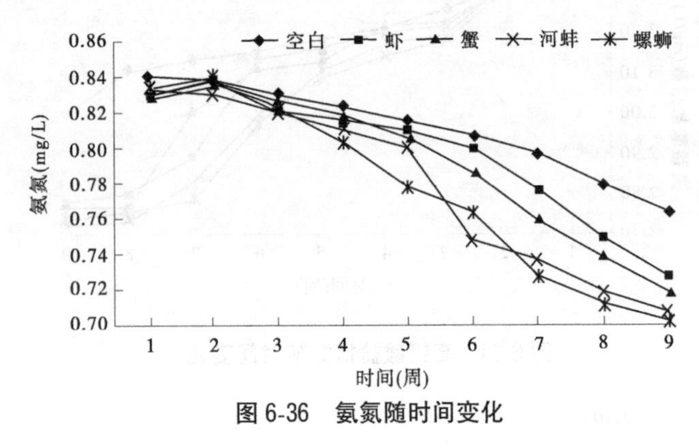

图 6-36　氨氮随时间变化

试验期间各试验组水体中氨氮含量的均值见图 6-37，从图中可看出，N4 试验组对水体中氨氮的去除率最高，通过试验数据多重分析可知，与空白试验组对照组相比，各试验组中氨氮含量均值均低于空白试验对照组，表明本试验中所选的四种水生底栖动物对水体中氨氮的去除具有较好的效果。

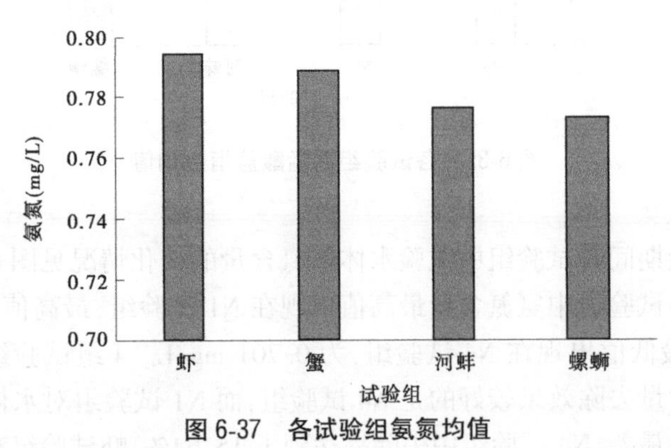

图 6-37　各试验组氨氮均值

2. 底栖动物对藻类去除效果试分析

1) 藻类密度

试验期间各试验组及空白试验组中藻类密度的变化情况见

图 6-38。由于该试验时间为 5 月底至 7 月中旬,藻类密度受气温影响较大,随着温度的升高藻类大量增长,藻类密度大幅度升高,各试验组中藻类密度有不同程度的升高,但上升趋势有明显下降且试验组中藻类密度明显低于空白试验对照组。底栖动物以低等藻类为食,有研究表明河蚌等底栖动物的胃、直肠、中肠中含有大量蓝藻、硅藻。试验期间藻类大部分为底栖硅藻,底栖动物可对硅藻直接摄食,从而降低水体藻类的整体密度。

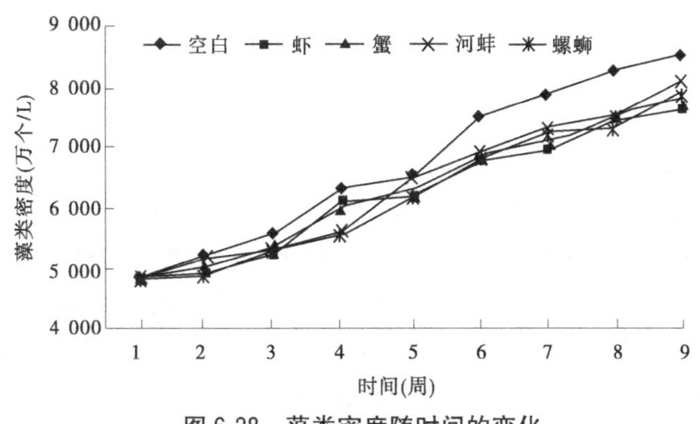

图 6-38　藻类密度随时间的变化

各试验组中藻类密度的均值对比情况见图 6-39。其中空白试验组中藻类密度由 4 838 万个/L 升高至 8 536 万个/L,各组内藻类密度在试验期间均呈现增长趋势,N1、N2、N3、N4 4 个试验组加入底栖动物后与空白对照组相比,藻类密度较低,说明 4 种底栖动物对藻类的增长起到了一定的抑制作用。虾、蟹、河蚌、螺蛳试验组中藻类密度分别低于空白试验组中藻类密度的 37.70%、38.40%、40.44%、39.01%。

2) 藻类种属

5 月 21 日至 7 月 16 日试验期间,藻类密度的范围在 4 826 万~8 536 万个/L,试验用水中藻类种属主要有硅藻门、裸藻门、蓝藻门、绿藻门 4 个种属。其中,硅藻门主要有曲壳藻与针杆藻;裸藻门主要有囊裸藻、多芒藻、网球藻;硅藻门主要包括直链藻、脆杆藻、针杆藻、小环藻;蓝藻主要包括集胞藻、平裂藻、席藻、颤藻、色球藻;绿藻中栅藻、小球藻居多。其中,硅藻的含量最多,裸藻含量最少。

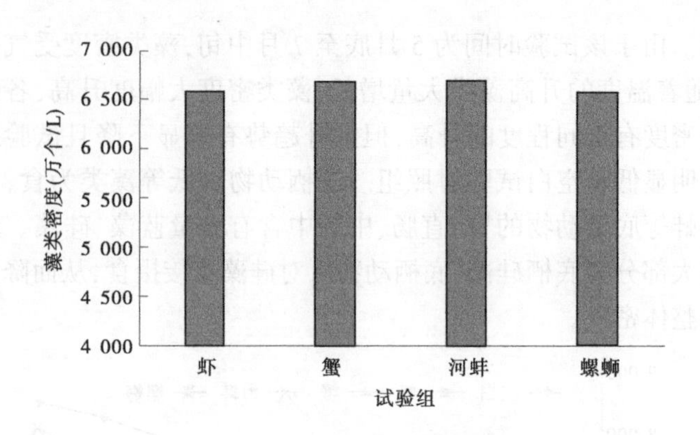

图 6-39　各试验组藻类密度均值

6.6.3.3　试验小结

(1)通过所选虾、蟹、河蚌、螺蛳 4 种底栖动物对河道水的净化试验,根据对各项理化指标的分析得出 4 种水生底栖动物对河道水体中的 TN、TP、氨氮、COD_{Mn} 及藻类总数均有一定程度的去除效果,相比空白对照试验组以上几种水质指标均有较大程度的降低,表明本试验所选的 4 种底栖动物具有一定的净化水质作用。

(2)在 5~7 月试验期间,藻类数量增长迅速,一年之中藻类数量增长较快,藻类密度在 4 826 万~8 536 万个/L,在此藻类密度下,向水体中投放的虾、蟹、河蚌、螺蛳 4 种底栖动物试验组,底栖动物对水体中的藻类有一定的抑制作用,与空白试验对照组相比,4 种底栖动物对藻类的去除率分别为 37.70%、38.40%、40.44%、39.01%,4 种水生底栖动物对水体藻类的去除效果差距不大,螺蛳和河蚌的去除效果较好。

6.6.4　底栖动物群落生态恢复现场试验

6.6.4.1　概述

底栖动物作为一类水生无脊椎动物,是构成水生态系统中的重要组成原件,其生活史的全部或者大部分时间都生活在水体底部或其他基质上。底栖动物的种类繁多,淡水底栖动物主要包括节肢动物中的昆虫纲和甲壳纲等,软体动物中的双壳纲和腹足纲等,环节动物中的多毛纲、寡毛纲和蛭纲等,以及扁形动物中的涡虫纲等。底栖动物不仅能反映水质的污染状况，还可以反映底泥污染状况，并对水质和底泥的污染极为敏感，其种类多样性比鱼类大，其物种鉴定较藻类和浮游动物更直接，相对容易观察。而且底栖动物生活位置固定，不会像藻类和浮游动物那样随波逐流、随水团漂移，也不会像鱼类那样具有很强的游动能力，可回避不适应的环境，并且底栖动物能很好地反映环境质量状况，对水体污染的耐受性及适应性因种类及群落不同而存在很大的变化。因此，利用大型底栖无脊椎动物来监测水体污染状况，评价水环境质量以其独特的优越性已被美国、英国、加拿大和澳大利亚等国环保部门广泛使用，目前许多发展中国家也陆续开始应用该技术来监测和评价水环境。

6.6.4.2　试验区现状

（1）明月闸—龙门闸，常水位 2.5~3.0 m，洪水位 3.5~4.0 m。

（2）由试验前两次现场调研及水质监测得知，明月闸—龙门闸河段无水生态系统，缺乏自净能力，氨氮易超标，藻类滋生，水色呈黄绿色，水体透明度低，如图 6-40 所示。这可能主要是水体流动性差、污染物富集导致。

(a)明月闸

(b)龙门闸附近

图 6-40　现场水质情况

治理前经过一段时间的监测，选择河道中的一段作为试验河段进行修复治理。试验河段水质监测指标分析结果如表 6-11 所示。

6.6.4.3　试验布设

2018 年 4 月，通过在明月闸—龙门闸河段（见图 6-41）河床投放螺类、贝类、虾类等大型底栖动物约 2 060 kg 进行试验，研究其消耗底质中污染物、分解腐殖质及有机碎屑、改善底质泥沙的沉积速率、降低河床淤积程度、提升水体透明度的作用。

表 6-11　试验河段水质监测指标分析结果

样品表现	透明度(cm)	溶解氧(mg/L)	氧化还原电位(mV)	氮氧(mg/L)	有机质(mg/g)	表现污染指数
微黄、略浑、无味	35~65	5. 64~8. 2	103. 7~141. 2	0. 200~4. 04	61	12. 2~37. 8

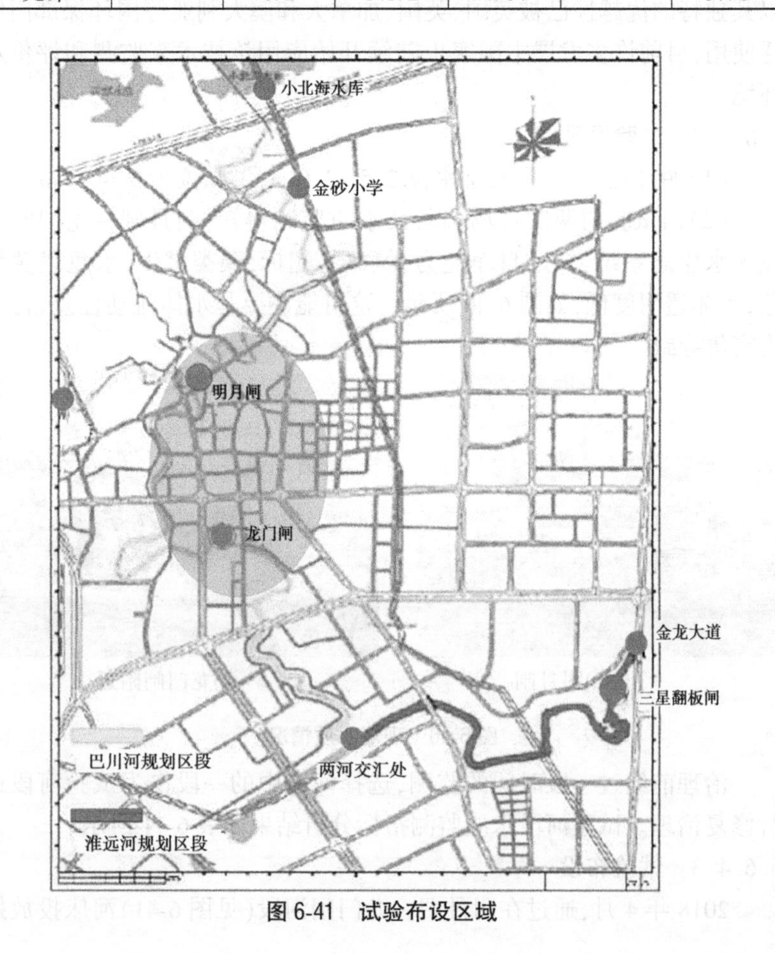

图 6-41　试验布设区域

水质在研究中段和下段取两组样品进行平行性分析，监测指标有样品表观、透明度、溶解氧、氧化还原电位、氨氮、有机质、表观污染指数等。

6.6.4.4　结果与讨论

2018 年，针对巴川河道试验区投放大型底栖动物进行试验，分别于投放 30 d、60 d 进行水质监测，监测结果如表 6-12 所示。结果表明，投放螺类、贝类、虾类等大型底栖动物能显著提高水体透明度，降低水中有机质、氮氧含量，并且水体中的溶解氧含量、氧化还原电位均有一定提升，水体表现污染指数显著降低。

表 6-12　试验河段水质指标背景值

处理	样品表现	透明度(cm)	溶解氧(mg/L)	氧化还原电位(mV)	氮氧(mg/L)	有机质(mg/g)	表现污染指数
背景值	微黄、略浑、无味	35~65	5.64~7.60	103.7~141.2	3.200~4.04	61	29.6~37.8
处理后 30 d	微黄、较清、无味	40~78	5.86~7.92	110.8~167.2	2.80~3.99	48	23.80~32.1
处理后 60 d	较清、无色、无味	52~90	6.72~8.96	132.1~178.2	0.80~1.71	36	12.2~21.5

因此，底栖动物是湿地生态系统的一个重要生态类群，其自身起促进有机质分解、加速自净过程和底质分解等作用，是维持健康生态系统的关键成员，还可以作为指示生物对有机物污染进行判断。底栖生物对水体内源污染控制极其重要，生物链的建立能有效降低内源污染释放总量和降低速度，减少河流水体的沉积率，改变物质在水体内的循环方式，稳固底泥物理、化学性质，能为恢复浅滩与湿地做出一定贡献。

因此，恢复城市河流生态过程，充分利用自然资源、减轻干扰、防止外来物种入侵、从底栖动物的生态修复着手，选择性的人工引种，修复底栖生物区，这将对城市河流的生态环境恢复有很大的促进作用。

6.6.5 鲢鳙鱼及其组合对富营养化及藻类控制模拟试验

6.6.5.1 试验方案设计

鱼类是生态系统的消费者,在鱼类的摄食、排粪及排泄过程中,伴随着一系列的反馈作用,在水体中放养合适的鱼类可以对水体的生态平衡起到一定程度的调节作用。随着人们对水生生态系统认识的不断深入,通过改变系统中食物网的结构控制富营养化水体中的藻类成为研究热点。1975 年,Shapiro 等提出了经典生物操纵理论,通过降低浮游生物食性鱼类的数量,使浮游动物的生物数量增加、体型增大,提高浮游动物对浮游植物的摄食效率,降低浮游植物的数量。我国一些学者从不同角度对采用生物操纵法治理水体的富营养化进行了探索。刘建康和谢平等通过在东湖利用原位围隔进行试验研究,提出了通过放养滤食性鱼类(如鲢、鳙)来直接控制浮游植物数量,直接牧食水华蓝藻的生物操纵的方法,被称为非经典的生物操纵。利用食浮游植物的鱼类来直接牧食富营养化水体中的水华藻类,降低藻类生物量,从而提高水体的透明度,改善水质,治理湖泊水体的富营养化。非经典生物操纵的具体方法有:①利用浮游植物食性鱼类(如鲢、鳙)来控制富营养化和藻类水华;②利用大型软体动物滤食作用控制藻类和其他悬浮物。

本试验即采用水中食浮游生物的滤食性鱼类来控制水体富营养化和藻类水华的方法。

1. 试验材料与装置

试验中采用鲢鱼、鳙鱼和草鱼三种鱼。鲢鱼平均尾重为(200±25)g,平均体长(22.4±1.4)cm;鳙鱼平均尾重为(220±47)g,平均体长(23.5±1.6)cm;草鱼平均尾重为 237 g,平均体长 24.7 cm。

1)鲢鱼

鲢俗称白鲢,英文名 Silver carp。鲢鱼体型侧扁,成纺锤形,是著名的四大家鱼之一。鲢鱼是典型以浮游生物为食的滤食性鱼类,头较大,鳃耙特化,彼此联合成多孔的膜质片,鳃耙细长密集,主要起到类似筛网的机械过滤作用。滤食时主要靠鳃耙、腭褶与鳃耙管组成的滤食器官互相协调,滤取通过口腔中的浮游生物,主要滤食水中的浮游植物及有机碎屑等。

2）鳙鱼

鳙俗称花鲢，英文名 Bighead crap。鳙鱼体型与鲢鱼相似，也是四大家鱼之一。鳙鱼是典型以浮游动物为食的滤食性鱼类，头部肥大，腮孔较大，鳃耙细密呈页状，但不联合，其鳃耙间隙较鲢鱼要大，所以其主要实际滤食的食物规格也较大。

3）草鱼

草鱼俗称草根鱼，英文名 Grass carp。鱼体略呈圆筒形，头部稍平扁；口呈弧形，上颌略长于下颌；性活泼，游泳迅速，常成群觅食。草鱼是典型的草食性鱼类，鱼苗阶段摄食浮游动物，幼鱼期兼食藻类和浮萍等，体长约达 10 cm 以上时，完全摄食水生高等植物。

试验在巴川河龙门闸附近选取一个池塘，经改造后作为试验场地，采用镀锌钢桩和隔水篷布在池塘中做 8 个不带底的围隔，篷布底端埋入塘底 60 cm，并压实，确保各围隔内外无水交换，8 个围隔编号分别为 1#、2#、3#、4#、5#、6#、7#、8#，围隔尺寸 3 m×3 m×3 m。

2. 试验方案

试验开始时，向 1#围隔放入 1 条鲢鱼，质量为 173 g。向 2#围隔放入 3 条鲢鱼，质量为（178±5）g。向 3#围隔放入 5 条鲢鱼，质量为（182±7）g。向 4#围隔放入 12 条鲢鱼，质量为（175±17）g。向 5#围隔放入 3 条鲢鱼，质量为（207±6）g；一条鳙鱼，质量为 263 g。向 6#围隔放入 4 条鲢鱼，质量为（168±6）g；一条鳙鱼，质量为 223 g；一条草鱼，质量为 237 g。7#围隔不放鱼类，作为空白对照。向 8#围隔放入 4 条鲢鱼，质量为（181±17）g；一条鳙鱼，质量为 187 g。

向围隔中投放不同数量和种类的鱼类后，围隔中鱼类的密度见表 6-13。

鱼苗投放前对各围隔进行 1 次取样，记为第 1 天，鱼苗投放后每周取样 1 次。为消除围壁效应影响，在离围隔 0.5 m、0.5 m 水深处采集水样。

采样工具为采水器、取样瓶等。

表 6-13　围隔中鱼类的密度　　(单位:g/m^3)

鱼类	1#	2#	3#	4#	5#	6#	7#	8#
鲢鱼	9.6	29.6	50.3	116.7	34.5	37.3	0	40.2
鳙鱼	0	0	0	0	14.6	12.4	0	10.4
草鱼	0	0	0	0	0	13.2	0	0

3. 检测指标及方法

检测指标:温度、pH、总磷、总氮、氨氮、COD_{Mn}、藻类密度,叶绿素 a 采用分光光度法,其他指标检测方法同前。

6.6.5.2　试验结果与分析

1. 不同密度的鲢鱼对藻类控制的效果

通过在 1#、2#、3#和 4#围隔中投放不同密度的鲢鱼的试验,与 7#空白做对比,确定鲢鱼控制藻类水华的最合适密度,确定最佳的鱼类投加量。定期监测各围隔中叶绿素 a、总氮、总磷和高锰酸盐指数的变化,测量时对水样不做预处理。

1) 叶绿素 a 的变化

不同密度的鲢鱼对叶绿素 a 的去除效果如图 6-42 所示。

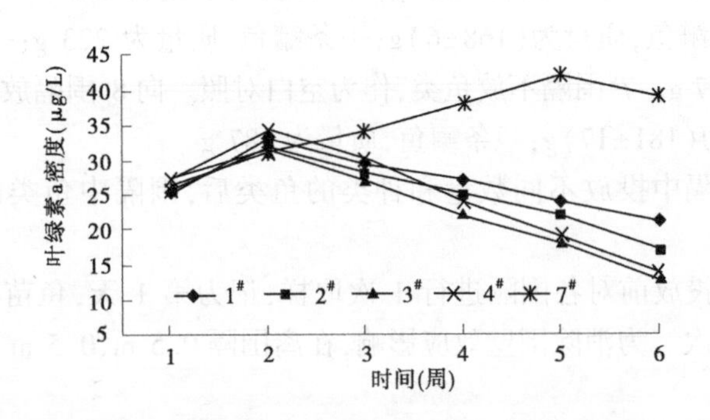

图 6-42　不同密度的鲢鱼对叶绿素 a 的去除效果

由图6-42可知,试验进行时,7#空白围隔中,叶绿素a持续增长,浮游植物量增长迅速,发生了蓝藻水华。有鱼的围隔中,第1周鲢鱼放入后需要一段时间的适应期,鲢鱼还不能较好地发挥除藻作用,叶绿素a均有略微上升,浮游植物量增加。随着试验的进行,鲢鱼开始发挥除藻作用,有效地降低了藻类的生物量,鲢鱼是典型的滤食性鱼类,能够有效滤食富营养化水体中的浮游藻类。有鱼的围隔中,浮游植物量随着鲢鱼放养密度的升高而降低,鲢鱼对浮游植物的摄食是其控制其生物量的主要因素。试验组3#和4#去除效果没有明显差异,所以控制浮游植物量的鲢鱼最合适密度为50.3 g/m^3。

2)总氮和总磷的变化

不同密度的鲢鱼对总氮和总磷的去除效果如图6-43和图6-44所示。

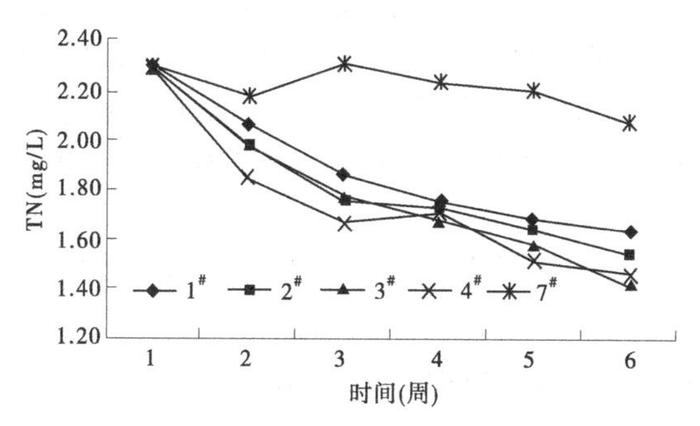

图6-43　不同密度的鲢鱼对总氮的去除效果

由图6-43、图6-44可看出,放养鲢鱼的围隔与空白对照对比,鲢鱼对TN、TP都有较好的去除效果。试验初期阶段,鲢鱼密度越大,对水中TN的去除效果越明显,但第3周后4#围隔中TN不再下降,反而有所上升,其他围隔对TN去除速度也有变缓,至试验结束时,3#围隔中TN浓度从2.286 mg/L降到1.419 mg/L,TN浓度最低,对TN的去除效果最好。试验初期,空白围隔TP浓度有所下降,分析原因是水中的微生物、浮游动物对TP有一定的降解能力。放养鲢鱼的围隔中TP浓度下降更明显,试验初期不同鲢鱼密度对TP的去除差异不明显。试验结束时,3#围隔中对TP的降解最好由0.388 mg/L去除到0.219 mg/L,

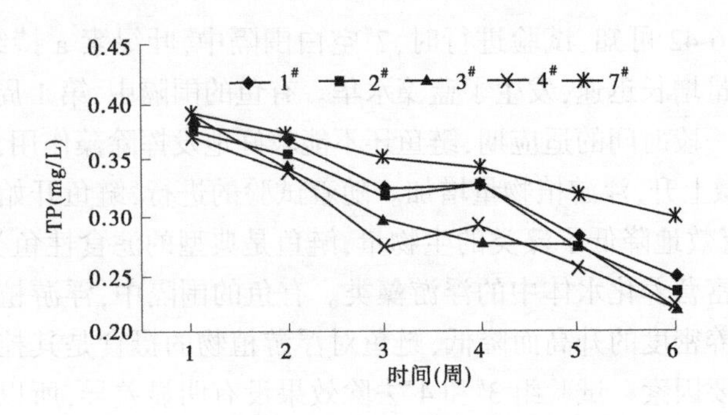

图 6-44　不同密度的鲢鱼对总磷的去除效果

其次是 4#、2#、1#。本试验中,对 TN 和 TP 去除效果最好的是在 3#围隔中,鲢鱼的密度为 50.3 g/m³。

鲢鱼引入富营养化水体后,滤食水中的浮游植物,通过消化作用将所滤取的食物一部分转变成鱼蛋白和鱼体磷,其余以粪便的形式排出体外,经微生物分解后,会重新进入循环环节,再次被鲢鱼利用,并最终以鱼产品的形式脱离水体,从而降低了富营养化水体中的氮、磷。

3) 高锰酸盐指数的变化

不同密度的鲢鱼对高锰酸盐指数的去除效果如图 6-45 所示。由图 6-45 可知,试验期间,有鲢鱼的围隔中 COD_{Mn} 呈不同程度降低的趋势,而无鱼的空白围隔中 COD_{Mn} 呈现出增加的趋势。

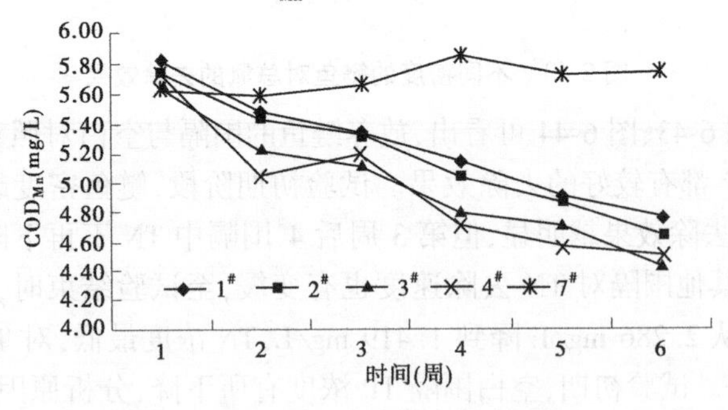

图 6-45　不同密度的鲢鱼对高锰酸盐指数的去除效果

鲢鱼可通过自身捕食而获取有机碎屑和悬浮颗粒及部分藻类,将其转化为鱼类蛋白等生命物质，引起水体中有机物质的减少；围隔中投放是以浮游藻类为食的滤食性的鲢鱼，通过对藻类的捕食作用，限制水体中藻类光合作用的水平，以此来有效地控制水体中有机物质的补充。低密度的鲢鱼，不能对水华藻类形成足够的摄食压力，对 COD_{Mn} 的去除率较低，当鲢鱼密度达到 50.3 g/m^3 左右时，COD_{Mn} 降低到 4.416 mg/L；当鲢鱼密度达到 116.7 g/m^3 时，COD_{Mn} 的浓度降低到 4.489 mg/L，鲢鱼密度的显著增加，并没有明显地降低对 COD_{Mn} 的去除。

不同密度的鲢鱼对藻类水华的去除效果如图 6-46 所示。由图 6-46 可以直观地看出，3#围隔中鱼类对藻类水华的去除效果最明显，1#和 2#水华量虽然大为减少，但直到试验结束，仍有少量水华飘在水体表面。本试验中去除藻类水华的最合适的鲢鱼密度为 50.3 g/m^3。

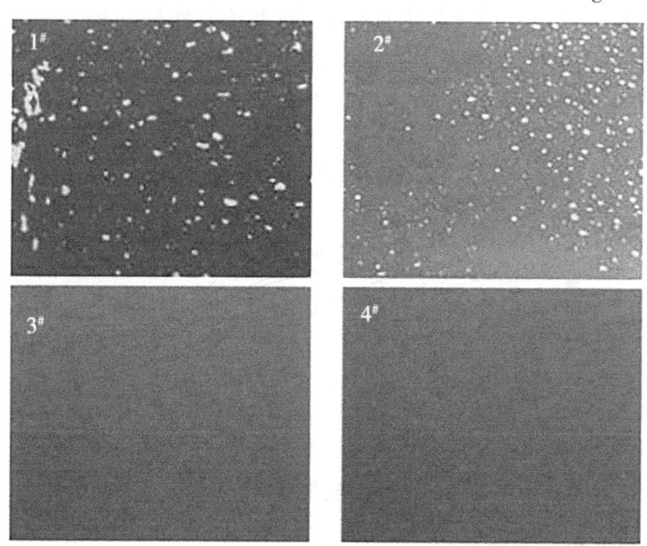

图 6-46　不同密度的鲢鱼对藻类水华的去除效果

2. 不同搭配比例的鲢、鳙鱼对藻类控制的效果

通过在 3#、5#、6#、8#围隔中投放不同搭配比例的鱼类的试验，确定鲢、鳙鱼控制藻类的最佳搭配比例，确定最佳的鱼类投加量方式，研究草鱼对藻类水华的去除效果的影响。定期监测各围隔中叶绿素 a、总

氮、总磷和高锰酸盐指数的变化，测量时对水样不做预处理。

1）叶绿素 a（Chla）的变化

不同搭配比例的鲢、鳙鱼对叶绿素 a 的去除效果如图 6-47 所示。由图 6-47 可知，试验开始时，鲢、鳙鱼放入后需要一段时间的适应期，鱼类还不能较好地发挥除藻作用，浮游植物量增加，叶绿素 a 均有略微上升。随着试验的进行，鲢、鳙鱼开始滤食水中的浮游藻类，发挥除藻作用，有效地降低了藻类的生物量，各有鱼围隔中叶绿素 a 均有不同程度的下降，鲢、鳙鱼混养的围隔中对叶绿素 a 的去除比单纯放养鲢鱼的 3#更加明显，说明鲢、鳙鱼混养更有效地控制富营养化水体中的藻类快速增长，控制浮游植物生物量。6#围隔中放养了草鱼，由于鱼类的游动，增强了对水的搅动作用，虽然草鱼不能直接摄食浮游藻类，但是增加了鲢、鳙鱼对浮游植物的摄食机会，除藻效果略好一些。在搭配放养鲢、鳙鱼的围隔中，8#围隔中放养的鱼类对叶绿素 a 的去除效果最好，由 27.75 μg/L 降低到了 10.17 μg/L。

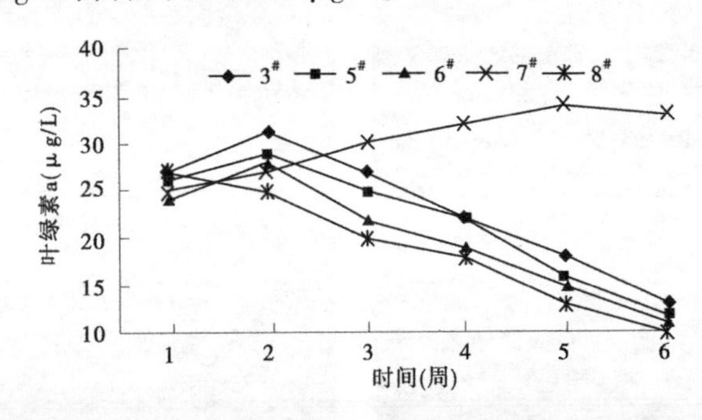

图 6-47　不同搭配比例的鲢、鳙鱼对叶绿素 a 的去除效果

2）总氮和总磷的变化

不同搭配比例的鲢、鳙鱼对总氮和总磷的去除效果如图 6-48 和图 6-49 所示。

由图 6-48、图 6-49 可看出，鲢、鳙鱼搭配放养的围隔中对 TN、TP 的去除效果比单纯放养鲢鱼的 3#围隔中要好，但是不同搭配比例的鲢、鳙鱼在围隔中对 TN、TP 的去除效果并没用明显的差异，8#围隔的

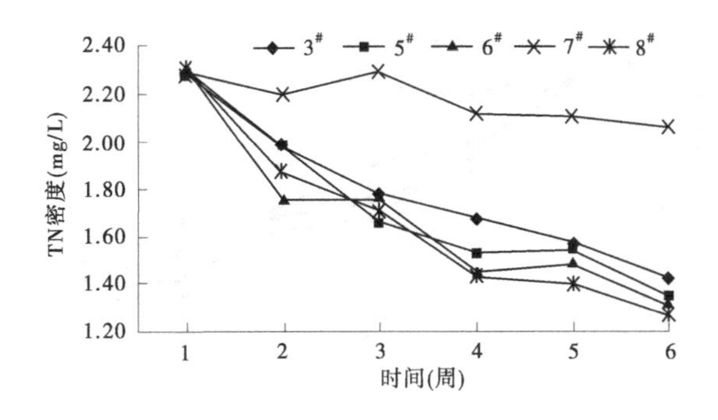

图 6-48　不同搭配比例的鲢、鳙鱼对总氮的去除效果

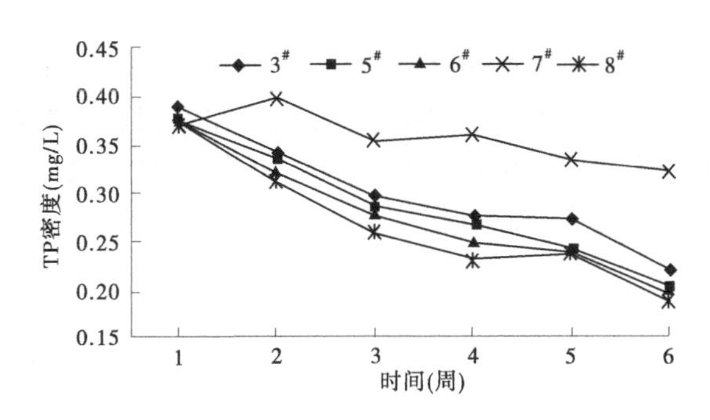

图 6-49　不同搭配比例的鲢、鳙鱼对总磷的去除效果

去除效果略好。

3) 高锰酸盐指数的变化

不同搭配比例的鲢、鳙鱼对高锰酸盐指数的去除效果如图 6-50 所示。

试验期间，有鱼的围隔中 COD_{Mn} 呈不断降低的趋势，鲢、鳙鱼搭配的围隔中 COD_{Mn} 下降趋势更加明显，而无鱼的空白围隔中 COD_{Mn} 呈现出增加的趋势。鲢鱼和鳙鱼可通过滤食作用获取水中悬浮的有机碎屑及部分藻类，作为自身生长的营养物质，从而减少水体中的有机物质。由于鱼类的摄食，藻类含量减少，限制了水体中藻类光合作用的水平，有机物质的补充来源减少。另外，鲢鱼和鳙鱼滤食浮游植物的规格不同，鲢、鳙鱼的搭配放养扩大了鱼类对水体中浮游藻类的滤食范围，可以更加有效地减少水中有机质的含量。试验结束时，8#围隔中 COD_{Mn}

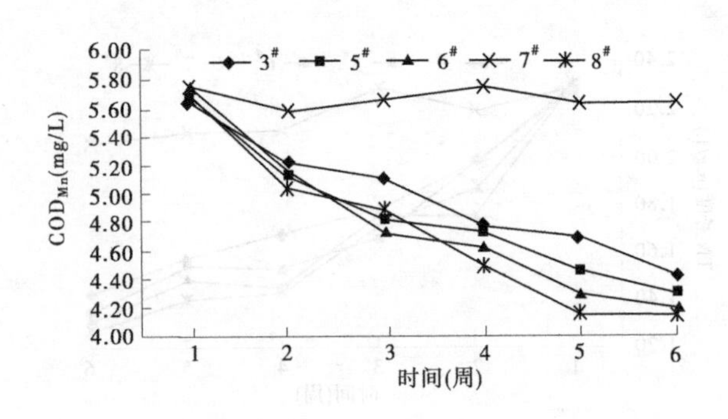

图 6-50　不同搭配比例的鲢、鳙鱼对高锰酸盐指数的去除效果

最低，为 4.139 mg/L。

不同搭配比例的鲢、鳙鱼对藻类水华的去除效果如图 6-51 所示。由图 6-51 可以直观的看出，各围隔中藻类水华都得到了有效的控制，从试验数据来看，8#围隔中鱼类对藻类水华的去除效果最好，本试验中鲢、鳙鱼去除藻类水华的最佳搭配比例为鲢鱼∶鳙鱼＝4∶1。

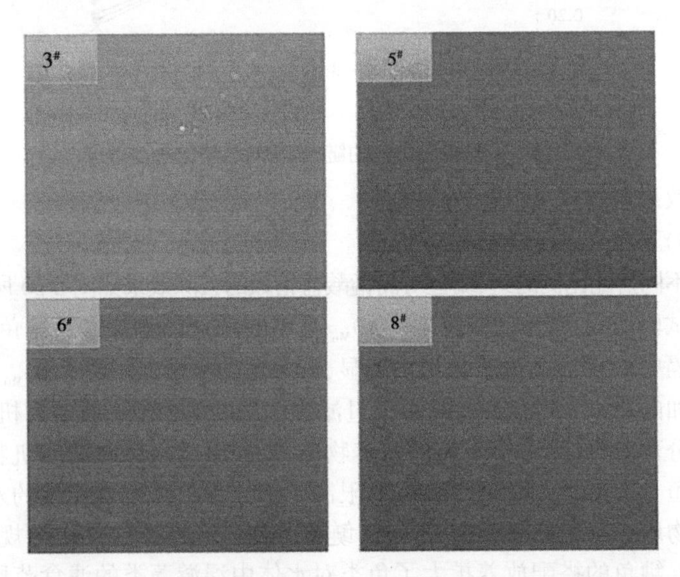

图 6-51　不同搭配比例的鲢、鳙鱼对藻类水华的去除效果

6.6.5.3 试验小结

综上所述,鲢、鳙鱼对富营养化水体的水质净化有显著的作用。本试验中去除藻类水华的最佳的鲢鱼密度为 50.3 g/m^3,鲢、鳙鱼的最佳搭配比例为鲢:鳙=4:1,对叶绿素 a 可以由 27.75 μg/L 降低到 10.17 μg/L;TN 由 2.296 mg/L 降低到 1.268 mg/L;TP 由 0.372 mg/L 降低到 0.187 mg/L;COD_{Mn} 由 5.691 mg/L 降低到 4.139 mg/L。

6.6.6 多层次鱼类群落恢复现场试验

6.6.6.1 概述

在河流生态系统中,大部分生物量不是被捕食而是死后被微生物分解,以腐食食物链为主。水体中随着富营养化和有机污染的增加,水底和水层中有机碎屑积累增多,初级生产放氧的增长逐渐变为等于或小于呼吸耗氧,促进水体中腐食食物链势力的增强,腐食食物链也随之占主导地位。利用鱼类的生物操纵作用净化水体是一项化“害”为利的有效措施,各种不同的鱼类有着不同的食性,针对不同的水体污染状况,利用鱼类的不同食性,选择合适的鱼种可起到相应的净化目的。

鱼类在水生态系统中具有摄食有机碎屑的水质净化功能,延长食物链,加速营养、能量循环,传递的生态功能,并能够通过合成动物蛋白,将水体中氮、磷等营养物转移出水体。据测定,鱼类平均每净增长 1 kg 体重,消耗 25~30 kg 的藻类。

6.6.6.2 试验区现状

(1)龙门闸—两河交汇处,常水位 3.0~3.5 m,洪水位 4.0~4.5 m。

(2)该河段无水生态系统,缺乏自净能力,氨氮易超标,河水呈绿色,水体透明度低,两岸滩地杂草较多,且长有外来物种水花生。该河段现状见图 6-52。

试验选取河段修复前经过一段时间的检测,其水质分析见表 6-14。

图 6-52　河段现状

表 6-14　试验河段水质指标本底值　（单位：mg/L）

DO	COD	氨氮	TN	TP
5.89～9.15	30.2～48.0	3.39～10.4	3.75～6.58	0.38～0.52

6.6.6.3　试验布设

本项目针对龙门闸—两河交汇处河段行洪、杂鱼泛滥不易管理、居民垂钓及水质现状等特点，2018 年 2～3 月投放鱼苗。在鱼类群落配置上主要采用具有功能针对性的鱼类。配置滤食性鱼类，如鲢鱼、鳙鱼等，滤食水体中藻类、悬浮物，提升水体透明度、抑制藻类。根据经验，每立方米水投放 35～55 g 鲢、鳙鱼，控制水华效果较好。配置肉食性鱼类，如鲶鱼、鳜鱼、乌鳢等，摄食餐条等野杂鱼以及病鱼、弱鱼，控制鱼类总体生物量，维持水体健康。配置观赏性鱼类，如草金鱼、鳑鲏鱼等，形成绿草红鱼等生态效果，提升生态景观。配置营底栖生活鱼类，如乌鳢等，避免被洪水冲走。配置藻食性鱼类，如倒刺鲃等，摄食丝状藻等。试验布设区域见图 6-53。

根据能量传递与转化公式定量计算，试验采用具有功能针对性的多层次鱼类，研究其摄食有机碎屑、加速营养能量循环传递的生态功能，确定合理的种类、密度、个体、年龄、雌雄比、放养季节等不同因素的综合效应，形成多层次定量投放的技术方法体系。

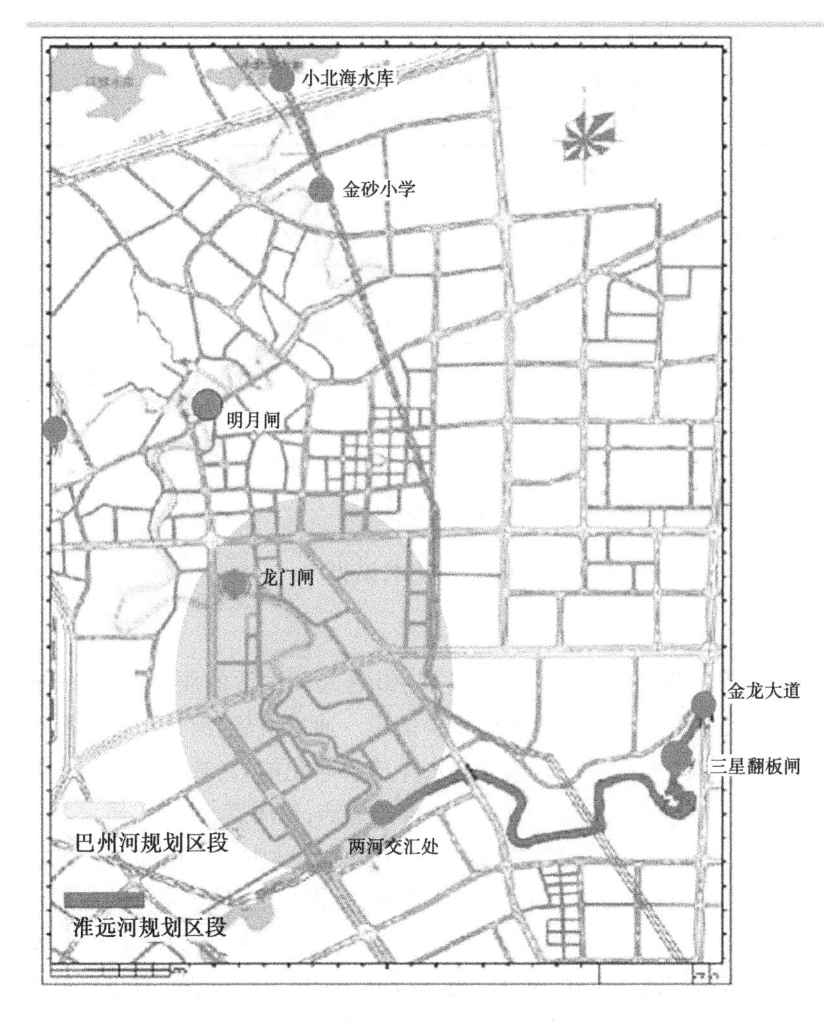

图 6-53　试验布设区域

考虑到河流项目的特殊性，在局部河段河床及河岸边设置鱼巢，为鱼类群落提供栖息环境，避免被洪水大量冲走，安全越冬。鱼巢采用河床现存的石块进行堆砌。

本试验数据采集时间为 2018 年 9~12 月，每隔 15 d 采样一次，在本河段中段和下段取两组样品进行平行性分析。

6.6.6.4　结果与讨论

多层次鱼类群落对水质指标的影响见表 6-15。

表 6-15　多层次鱼类群落对水质指标的影响　(单位:mg/L)

DO	COD	氨氮	TN	TP
5.60~13.78	16.2~31.8	1.20~3.28	2.50~5.20	0.28~0.40

经过半年的多层次鱼类投放,本河段水质明显改善,提高了水体透明度。水体中的溶解氧(DO)含量略微提高,其余指标 COD、氨氮、TN、TP 均有一定程度的降低。

因此,多层次鱼类群落不仅可以丰富生物多样性,提升水体透明度、抑制藻类,而且可以提升水体生态景观。

6.6.7　土著微生物群落恢复技术试验

6.6.7.1　概述

河道污染已成为制约城市发展、影响人民生活的顽疾。清淤、截污、换水,一直是河道水治理的主要措施。通过实施,河道综合状况有了很大改善。但由于没有建立起水体的自净化能力,缺乏有效的水体维护手段,治理后,只能在短时间内保持清洁,数周后,河道水质重新变差,甚至变黑发臭。在受污染水体中可以通过微生物作用达到去除污染物的目的,这种方法效果好,成本低廉,操作简单,具有良好的应用前景。

在城市河流体系中,底泥不仅是水体氮磷等营养元素、有机颗粒物等物质的接纳库,也是水体悬浮颗粒物、化学物质等的释放源,更含有丰富的微生物资源,是集化学物质和微生物于一体的特殊生态环境。底泥中的微生物是自然界物质循环的主要推动者之一,有研究表明底泥表面是硝化作用的主要位点之一,其表面微生物在河流生态系统氮的转化过程中发挥着重要作用。

因此,加强对城市河流底泥中氨氧化微生物及氨氧化过程的研究不仅具有重要的生物学和地学意义，而且在城市河流生态治理、环境保护中具有潜在的应用价值。而已有的一些研究表明，氨氧化菌群在富集培养条件下与自然环境条件下具有较高的相似性，因此对于不同环境城市河流底泥中的氨氧化菌群的富集培养及应用，不仅可以获得有应用价值的高效转化氨氮的菌群，而且有利于提高水质净化效果。

6.6.7.2　试验区现状

(1)金砂小学—明月闸，常水位1.0~1.5 m，洪水位2.5~3.0 m。

(2)该河段无水生态系统，缺乏自净能力，水质总体较差，水色呈黄绿色，偶有腥臭，水面漂浮油渍。尤其明月寺—仙鱼桥段严重，两岸树木茂盛，水体光照强度较弱。水体透明度低，水体流动性差。该河段现状见图6-54。

图6-54　河段现状

试验河段水质指标本底值见表6-16。

表 6-16 试验河段水质指标本底值 (单位:mg/L)

COD	氨氮	TN	TP
27.0~42.0	3.36~4.82	6.00~10.24	0.38~0.57

6.6.7.3 试验布设

为保护巴川河流域公共环境的生态安全性,保障人体健康安全,体现土著性、安全性,避免外来微生物菌剂破坏天然微生态系统,防止导致整个开放水域生态系统失衡,对现有的环境造成潜在的生态危害。

2018 年 4~8 月,通过对试验区河道本底微生物进行提纯、复壮、培养试验,激活水体本土微生物,研究微生物有效生物量、有机质分解矿化度,形成土著微生物群落恢复技术体系。试验布设区域见图 6-55。

土著微生物投放流程:河道底泥取样→分离、纯化、扩大培养→菌液投放。微生物投放方式以人工行船投撒为主,根据设计要求,投撒时尽量均匀分散。另外,微生物投放时,要避免雨前或者雨后,将损失降至最低。

该技术可防止外来生态入侵,保护公共水域生态环境,符合世界各国对微生物菌剂在公共开放水域中的使用规定,确保巴川河流域周边人居环境的健康安全性。

本试验数据采集时间为 2018 年 9~10 月,每隔 7 d 采样一次,在本河段中段和下段取两组样品进行平行性分析。

6.6.7.4 结果与讨论

土著微生物群落对水质指标的影响见表 6-17。

表 6-17 土著微生物群落对水质指标的影响 (单位:mg/L)

COD	氨氮	TN	TP
12.0~28.8	1.82~3.86	1.08~5.36	0.08~0.40

通过人工投加微生物菌液来提高河道水体的微生物总量,微生物群落通过新陈代谢将水中污染物降解,水体中的 COD、氨氮、TN、TP 的含量明显降低,水体透明度提升,从而实现河道水体净化。同时,河水

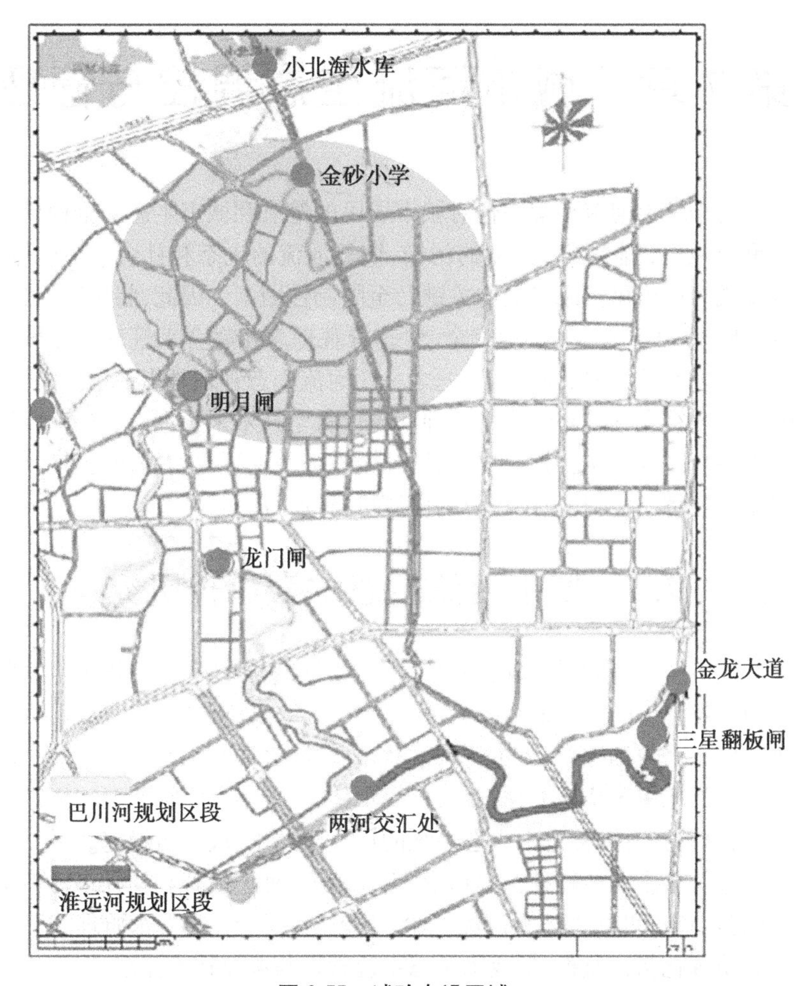

图6-55　试验布设区域

和底泥的生物量明显增加,群落结构明显优化,说明微生物菌剂对水体污染物的去除效果较好,投加微生物工程菌剂在河道水环境修复中有良好的应用前景。

第 7 章　城市河流生态调控与管理

由于城市河流环境恶化对城市居民的健康和城市生态安全构成了严重的威胁，解决城市河流的污染、恢复河流的生态和社会功能问题，日益成为城市可持续发展的关键乃至限制性因素。因此，将生态保护、生态修复、水质净化、水利安全、生态景观理念相融合来管理恢复城市河流生态系统，是当今热点课题之一。河流生态管理是指运用生态学、经济学和社会学等跨学科的原理和现代科学技术来管理人类行动对河流生态环境的影响，力图平衡发展和生态环境保护之间的冲突，最终实现流域经济、社会和生态环境的协调可持续发展。

7.1　城市河流生态综合调控研究

以系统生态学为基础，辅以水生生物管理与维护技术、指示生物监测预警技术、防浮萍及灌类爆发技术、分子生物学防控评估技术，重点研究生态水位调控、水生生物种群共生调控、底质与水环境监控等技术为核心的水生态系统调控技术，根据水体、水质和各生物要素特征进行综合管理与调控，促进水生态系统的进一步共生、成型与稳定。

进行水生动植物种群生物量、生物密度、种类演替和物种多样性调控试验，鱼草贝共生体系调控试验，生态水位调控试验，水质理化指标和底质理化指标监控，形成水生态系统管理与调控技术体系。

7.1.1 概述

水生态系统是特定水体内(水域、河湖岸带及有水力联系的湿地)生物要素(生物群落)与非生物要素(生境)共同构成的相互作用、相互制约的统一整体，包括河流生态系统、湖泊生态系统与水库生态系统。水生态系统从建立到成型到稳定需要一定的过程。在水生态系统建立初期，由于各生物要素还处于环境适应和各种群自身成型阶段，没有形成共生系统，易受到外部环境的影响而破坏，因此需要采取一定的水生态系统调控技术辅助自然调控，促进水生态系统成型。

水生态系统调控并非单一对某一生物要素进行调控，而是从系统的角度，根据水体、水质和各生物要素特征，进行综合调控。

7.1.2　水位调控对沉水植物生长的影响

根据已有研究基础，本次研究仅选择沉水植物苦草进行水位调控试验。试验装置统一选用高 150 cm、直径 100 cm 的塑料桶，装入巴川河原水作为试验用水，将栽种苦草的 9 个花盆悬挂于钢丝绳上，不同悬挂高处代表不同水深，水深设定为 60 cm、100 cm、140 cm。每隔 15 d 测定株高指标，并于试验结束时(30 d)检测鲜重、根长、叶绿素 a，检测方法同前，测定结果见表 7-1。

表 7-1　水位对苦草生长的影响

天数(d)	株高(cm)			根长(cm)			鲜重(g/株)			叶绿素 a(mg/g)		
	60 cm水深	100 cm水深	140 cm水深	60 cm水深	100 cm水深	140 cm水深	60 cm水深	100 cm水深	140 cm水深	60 cm水深	100 cm水深	140 cm水深
0	42.5	43.1	41.6	6.2	6.5	6.3	11.05	12.35	10.18	—	—	—
15	58.6	61.2	49.2	—	—	—	—	—	—	—	—	—
30	60.8	67.9	50.3	11.2	10.3	10.7	18.7	22.6	14.2	1.8	2.3	2.0

试验结果表明，水位对苦草的株高有明显的影响，各种水深情况下株高在试验期间都持续增长，其中水深为 100 cm 处理的株高长势最好，试验结束时株高达 67.9 cm，水深 140 cm 处理的株高后期几乎无增长。所有处理的苦草根长均出现了显著增长的现象，但水位对苦草根长的影响差异不显著；水位对苦草鲜重的影响与对株高的变化趋势基本一致，除 140 cm 处理组外，其余所有处理组的苦草鲜重都显著增加；在水深的影响下，叶绿素 a 先增加后降低，60 cm 水深处苦草株高受到强光抑制而产生低于 100 cm 水深处苦草株高的现象，140 cm 深处光照较低，苦草生长受到了弱光抑制。

7.1.3 河流综合调控试验

研究区段位于金砂小学—明月闸段，该段常水位1.0~1.5 m，洪水位2.5~3.0 m；无水生态系统，缺乏自净能力，水质总体较差，水色呈黄绿色，偶有腥臭，水面漂浮油渍。两岸树木较多，尤其是古城区仙鱼桥—明月闸段，树木茂盛，水体光照强度较弱，水体透明度低，水体流动性差。河段现状见图7-1。

图7-1 河段现状

试验河段水质指标本底值见表7-2。

表7-2 试验河段水质指标本底值

COD(mg/L)	氨氮(mg/L)	TN(mg/L)	TP(mg/L)	透明度(m)
32.0~48.81	4.96~6.16	6.58~12.36	0.46~0.59	0.44~0.58

针对该段水质恶化较为严重，两岸树木林立的现象，2018年4~8月对该河段进行试验。该区工艺主要为底质改良、沉水植物群落恢复、曝气充氧、生态基质、鱼类群落恢复、底栖动物群落恢复、浮游动物等，其中考虑到该河段河宽及两岸周边情况，曝气充氧选用浮水式喷泉曝气设备，如图7-2所示。该区底质改良主要采用翻耕晾晒及微生物为主，约375 kg；沉水植物主要种植苦草、菹草和眼子菜，面积共约1 759 m^2；

同时考虑到该区段河道光照较弱，搭配生态基质混种为微生物提供更充足的附着空间，配置面积共约1 300 m^2；曝气机配置浮水式喷泉曝气设备，约2台，可大大增加水体溶解氧，利于水体净化；鱼类配置滤食性鱼类，如鲢鱼、鳙鱼等，滤食水体中藻类、悬浮物，提升水体透明度、抑制藻类，每立方米水投放35~45 g鲢、鳙鱼，控制水华效果；同时配置肉食性鱼类及藻食性鱼类，如鲶鱼、鳜鱼、乌鳢等，控制鱼类总体生物量；配置观赏性鱼类，如草金鱼、鳑鲏鱼等，形成绿草红鱼等生态效果，提升生态景观，为周边居民提供休闲娱乐、观赏场所；另底栖动物约投放80 kg，土著微生物150 kg，浮游动物590 L。

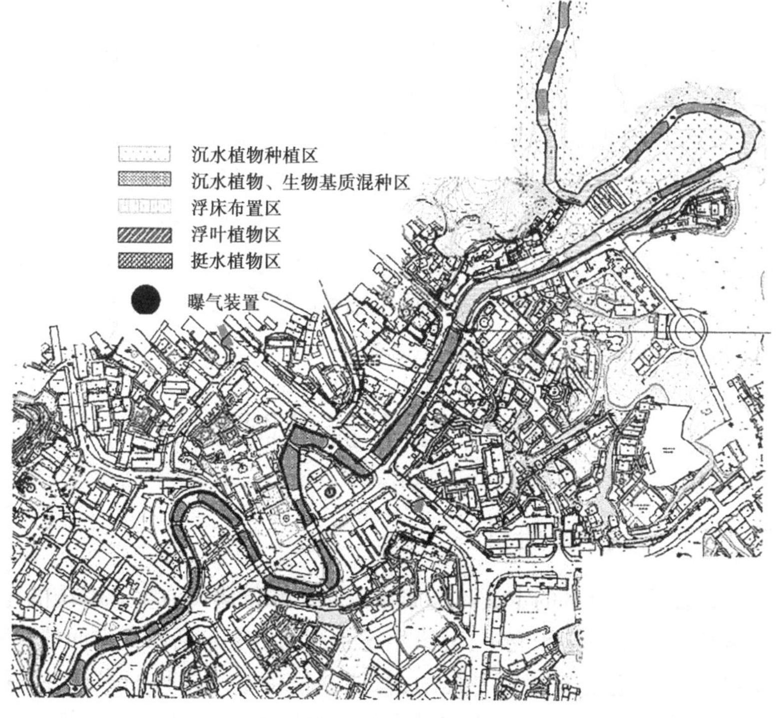

图7-2　生态措施布置

本试验数据采集时间为2018年9~12月，每月采样一次，在本区域中段进行监测分析。监测指标与方法同前。

水生态系统管理与调控技术试验结果如表 7-3 所示。

表 7-3　水生态系统管理与调控技术试验结果

处理	COD(mg/L)	氨氮(mg/L)	TN(mg/L)	TP(mg/L)	透明度(m)
本底值	32.0~48.81	4.96~6.16	6.58~12.36	0.46~0.59	0.44~0.58
处理后 1 个月	45.52	5.63	8.16	0.42	0.62
处理后 2 个月	30.47	3.12	5.23	0.21	0.71
处理后 3 个月	16.28	1.26	3.21	0.08	1.04
处理后 4 个月	12.23	0.82	1.02	0.04	>1.2

通过采取水生态系统管理与调控技术,水体中的 COD、氨氮、TN、TP 的含量明显降低,并且水体透明度极大提升,尤其是处理后的 2~3 个月效果极其明显。水生态系统 2~4 个月逐步成型,经过水生态系统管理与调控后水体具有了自净能力,群落逐渐稳定,物种多样性丰富,水质得到明显改善,对比单一对某一生物要素进行调控的水生态修复技术措施,从系统的角度,根据水体、水质和各生物要素特征,进行综合调控的水生态系统管理与调控技术措施,不仅可以极大增强水质净化能力,而且有助于构建完整的生态系统。

7.2　生态流量调控

7.2.1　河流生态流量

河流生态流量的定义与健康生态系统和健康河流生态系统的定义直接相关。生态学研究中,健康生态系统的定义包括四个方面的要素:①可承受一定范围的外界扰动;②能够保持本地物种的多样性、完整性;③能够维持系统内正常物种繁衍及种群进化过程;④满足资源的可持续性及人类社会的需求与期望。而健康河流生态系统的定义是在此基础上针对河流生态系统的特性而提出的,包括三个方面:①河流生态系统的物理空间连续性;②种群及群落生态过程和生命历程的可持续性;③抵御外来物种竞争性的能力。

河流生态流量的概念是基于上述两个概念产生的,目前国际上最为广泛接纳的是 2007 年的布里斯班宣言中所描述的关于“生态流量(Environmental flow)”的解释,即能够“维持河道及河口的自然生态系统和维持人类生存发展所依赖的生态系统所需要的水量、时间和水质”。广义的河流生态流量的概念,既包括维持河道内生态系统所需要的流量过程,也包括与河道相连的湖泊、河口、湿地、地下水等系统的需水量。由于不同水体生态环境和地理条件各异,因而不同情境下相关生态流量的研究结果也差异甚大。因此,广义的河流生态流量在研究中也常被称为“生态需水量”。

早在 19 世纪初的水库调度中,水库计划下泄流量中包括河滨用水、补偿用水等部分,这是河流最早的河流生态流量的雏形。1963 年英国的水资源法中提到要维持河流最小的生态流量以维持自然景观和鱼类存活;至 1972 年美国的清洁水法中,提到要保持河流物理、化学、生物过程的完整性。

河流生态流量的发展,是随着人类活动对河流生态系统所造成的负面影响(全球河流生物多样性锐减、粮食危机、水安全危机等)不断增加而逐渐被研究者们关注的。1992 年在巴西里约热内卢召开的环境与发展联合会议,明确阐述了人类与环境的相关关系,并指出生态过程的重要性——维持地球承载能力并为人类生存提供水、食物等产品和服务。

今日对河流生态系统的理解和认识更加广阔,融入了水文学、水力学、生态学等多学科交叉的研究成果,河流生态管理者采用行政管理、标准、技术等多种手段对生态系统进行保护。例如,跨境美加两国的哥伦比亚河,目前有一套完整的生态保护机制:在行政管理方面,哥伦比亚水资源管理局每月召开一次会议,审查诸如旱季如何为鱼类的迁徙提供足够的河水流量等问题;对于水电开发的实施管理,从实践技术层面上提供足够的流量和水质以保障鱼类等生物存活,改进鱼道等设施、在产卵季节增加下泄流量以保证鱼苗在河流中的纵向流动;对于栖息地环境,已增加河流支流流量、减少壁垒、恢复湿地连通性等多种技术手段,维持和增加栖息地的多样性特征,减少侵蚀损失,以保证为河流生态系统提供良好的地理环境。

随着管理者对河流生态问题的日渐重视,如今生态环境已经作为独立的目标出现在河流综合管理中。随着相关研究的尺度由流域化转向全球化,同时水文条件受气候变化的影响发生趋势性变化,河流生态流量理论问题也面临新的热点与挑战。

7.2.2　河流生态流量管理理论与方法

国内外围绕河流生态流量方面开展的理论和实践工作,发展了一套较为成熟的理论体系。河流生态流量研究始于19世纪40年代美国对河流流量与鱼类产量关系的关注,兴起于19世纪70年代的大坝建设高峰期,先后经历了萌芽(19世纪70年代以前)、蓬勃发展(19世纪70年代至80年代末)和成熟(19世纪90年代以后)3个阶段。国内研究相对较晚,始于19世纪70年代针对水环境污染的最小流量确定方法研究,兴起于19世纪90年代的生态环境用水研究,先后经历了认识(19世纪70年代至90年代末)和研究(20世纪以后)2个阶段,发展速度较快,大量引进国外研究理论和方法的同时,改进并发展了一些适于本地情况的研究方法。研究者的关注点从单一生态流量指标研究,逐步转变为综合生态流量过程研究,同时生态管理的目标与内涵随之扩展,从"维持河道内群落基本生存"的单一目标转变为流域"社会－生态耦合系统"的可持续发展。

河流生态流量的核心思想是从维护水生生物最低流量要求的角度出发,提出维持河道生态健康的流量推荐值。根据建模思想的不同,河流生态流量评估方法可分为几大类:水文学法、水力学法、栖息地模拟法或生境模拟法、整体分析法等。

7.2.2.1　水文学法

水文学方法又称快速评价法或标准设定法,其基本思想是将保护河流生物群落这一目标转化为维持历史流量的某些特征,由于在历史时期人类干扰较小的情况下,生物群落通过长期演化已经适应了自然状况下的流量,故认为基于水文学法确定的生态流量能维持河流的生态环境现状。该法以河流历史水文数据为基础，根据简单的水文指标确定河道生态流量，操作简单，无须现场测定数据，但并未考虑生态栖息地、水质、水温、季节变化、水域景观及河床形状变化等因素，代表方法有 Tennant 法、7Q10 法、Texas 法、NGP R P 法和最小月径流量。

Tennant 在分析美国 11 条河流流量与河宽、流速、水深之间的相互关系的基础上，提出了以历史年平均流量的 10%和 30%作为河流水生生物的生态流量区间，开创了水文学法研究河流生态流量理论的先河。类似的水文计算方法还包括 7Q10 法，采用 90%保证率下的最小 7 d 平均流量作为维持河流生态最低流量要求的推荐值；还有逐月流量频率曲线法，提出以各月平均流量的 50%作为河流生态流量目标等。

水文学法被认为是在水资源规划、开发利用程度评价中估算的最适方法，在优先度不高、没有争议或争议较少的的河段，水文学法估算可以作为初步的推荐流量目标，或作为对其他方法的一种检验。水文学法用流量作为生物响应的替代指标，没有直接考虑生物需求与流量的相互影响，部分体现了实地观察的结果，仍缺少充分的生态学基础，存在地区适用性和经验性问题。我国大部分河流缺少生态监测数据，造成了研究的滞后，在现有条件下，难以反映其生态意义，故常用计算简单、资料易获的水文学法。

综上所述，目前水文学法存在以下四个关键问题仍未得到解决：

(1)时间变异性问题，即使得在年内逐月和年际上同时具有丰、平、枯的变化特性；

(2)方法的空间移植性问题，很难在大多数河流都能得到合理应用，具有普适性；

(3)方法的分级性问题，如何使各级标准的分类更为客观，同时反映不同级别的生态需求；

(4)方法对极端流量的敏感性问题，即避免受到年际和年内极端流量事件的影响，更难反映天然流量的集中程度。

此外，针对关键水生生物(如鱼类)的敏感生态需求(如生态洪水脉冲过程)与河流的特殊生态问题(如“水华”)的河流生态流量评估方法还不成熟。

7.2.2.2 水力学法

水力学法将流量变化与河道的水力参数、几何参数联系起来量化河道内需水,最常用的有湿周法及 R2-cross 法。湿周法最初由 Gippel 和 Stewardson 提出,该方法的主要思路是以湿周与流量关系曲线的转折点所对应流量为维持浅滩的最小生态需水量。R2-cross 法最早由 Nehring 提出并运用于科罗拉多州(美国)的栖息地,是科罗拉多州水资源保护董事会(CWCB)最为常用的一种生态流量定值方法。该方法根据河流季节性变化及满足栖息地生态功能的水力学指标,如水深、河宽和流速等计算河流所需水量。近年来,随着生态流量研究的发展,相继出现了生态水力半径法、生态水深-流速法、多目标评价法等水力学方法的河流生态流量定值新方法。

水力学法的优点是考虑了流量变化对栖息地的影响,所需数据易获取。缺点有:①无法体现季节变化规律;②水力阈值的生物重要性是假定的未经验证;③不能用于拐点不明显、断面不稳定的河道。近年来,水力学法的研究进展较慢,没有其他方法发挥的作用显著,已被更为复杂的栖息地模拟法和整体分析法所取代。

7.2.2.3 生物栖息地法

生物栖息地法是水力学法的改进方法,从生物生态环境状况、生物适宜栖息地特征入手,利用数值模拟方法建立生物栖息地面积与流量的响应关系,计算河流生态需水。代表方法包括 IFIM 法、PHABSIM 法、CASMIR 法、Idaho 法、生物空间最小需求法、鱼类生境法、生态水力学法等,其中以 IFIM/PHABSIM 法应用最为广泛。如 IFIM 法和 PHABSIM 模型强调的是保证是鱼类或无脊椎动物的环境用水,IFIM 法为北美应用最广泛的方法,是一种灵活的框架结构,由许多水力学、栖息地模拟模型组成,现在这些方法被封装在 Windows 环境下,能够通过调整以适应各种问题,被生态流量研究者和实践者认为是评估河流生态流量最科学和合法的预防性方法。

生物栖息地法结合了水文学、水力学及生物对流量的响应,可用于评估不同的流量管理目标,是生态需水估算较灵活的方法;其缺点是复杂、昂贵、耗时,需要收集更多生境数据用于预测,不能完全解释流量与生物群落的内在关系,主要用于受人类影响较小的河流。

7.2.2.4　整体分析法

以上这些方法本身都存在一定的局限性,都是针对单一物种或单一河流进行生态流量的计算,衡量指标较为单一,计算方法缺乏对生态系统的整体考虑。随着人类社会的快速发展和河流生态问题的不断涌现,河流生态流量关注度不断提高,河流生态流量研究开始进入蓬勃发展阶段。研究者和管理者们开始意识到:在河流管理中,河流生态系统是一个动态的、系统的构成,维持河流自身的生态功能与社会经济、社会服务功能同等重要,河流生态流量不仅应该是维持河流生态群落存活的最小流量,更需要保护河流生物群落的多样性及其生态进程,维护河流生态系统的整体性。生态流量研究已从考虑单一水文要素的水文学法逐渐转变为考虑多学科交叉的整体分析法,逐步建立起一套完整的方法研究体系,以充分考虑水流、水温、水质等要素对水生态系统的影响。

整体分析法是从河流生态系统的整体性出发,协同分析多领域多因素的共同影响,例如考虑流速、水深等水力学要素对生态栖息地的塑造作用,综合研究包含水文要素、水力学要素、生态要素等多方面对河流水生系统及河岸群落带的影响,以确定满足河流生态系统健康的推荐流量。该方法强调河流是一个综合的生态系统,着重考虑整个河流系统的维持及保护,从而克服了栖息地方法仅针对特定指示生物的缺点。该方法从生态系统整体出发,并利用专家的经验来弥补生态资料的缺失,调节河流流量能够同时满足栖息地稳定、物种连续、泥沙沉积、水质平衡及水域景观等功能。

随着关于河道生态流量研究的大量出现,整体分析法阶段出现了许多综合性可视化的分析工具,如 BBM 法(building block methodology)、PHABSIM 法(physical habitat simulation system)、DRIFT 法(downstream response to imposed flow transformations process)、FLOWRESM 法(flow restoration methodology)、整体研究法等。其中,King 和 Louw 提出的 BBM 法,将河流的流量组成划分为丰枯年的高低流量等不同流量组分,结合每一个组分不同的地形结构及其生态特性,研究流量、泥沙、河床形态与河岸群落的关系,综合估算满足河流生态的流量要求;PHABSIM 法以物理栖息地模拟为主要目标,量化地评估相关环境因子(流速、水深、泥沙等)对栖息地的影响,建立适应度曲线,推荐合适的生态流量;DRIFT 法综合考虑流量要素对生物的物理环境和社会的影响,采用经济学模型进行情景分析,可在较广的范围内进行应用。这些桌面化的分析工具,为河流生态流量的计算提供了便捷、应用范围广泛的评估方法。

7.2.2.5　基于河流天然节律法

该方法的特征是用体现水文过程的自然波动性和变化性的流量模式代替了单一形式的最小生态流量值,成为河流管理者的主要关注点。它是以维持河流生态系统的结构、功能的健康为目标,提出有意义的、可实施的关键水文要素,作为估算指标以实现生态进程可持续发展,最初是从对生态系统影响较大(例如鱼类产卵)的关键性水文事件开始的,后来发展到全面考虑地形地貌、水质、特殊生态功能的综合流量过程。

"自然流量模式"(natural flow regime)学说是该研究阶段的理论高峰。该学说由河流生态学家 Poff 首次提出。他认为:不仅流量大小的改变会影响水生生物的数量、结构和组成,维持河流的流量过程的自然模式,尤其是关于自然流量变化扰动模式,是维持河流生态系统的稳定的关键性因子。Richter 等从维持生态系统结构和功能的角度,以水文年为研究尺度,从大小、频率、发生时间、持续时间、变化率五个方面划分为 33 个水文要素,开启了生态流量水文因子量化研究的先河,水文要素主要包括月平均流量,最大及最小 1 d、3 d、7 d、30 d、90 d 平均流量,最大及最小流量发生时间、高低脉冲频率及持续时间、水文变化率及反转次数等。这些要素从不同的角度直接或间接地影响着河流的栖息地完整、生命历程完整,并防止非本地物种的入侵。

我国学者对泥沙河流的生态需水研究取得了大量成果。例如,李丽娟等将河口地区的水沙平衡、水盐平衡、水体净化能力及地下水等方面的因素纳入生态需水的研究范围,以海滦河为例给出了生态环境需水量的估算方法。另外,对于我国北方河流泥沙含量高的特性,河流研究者们还开展了针对河流输沙量的研究。例如,倪晋仁等利用黄河观测资料,提出了河流输沙用水量计算方法;石伟、王光谦对黄河下游生态输沙水量进行了进一步研究,一并考虑了泥沙和污染物的输送。这些研究显示:满足输沙水量(尤其在汛期),是满足黄河下游的生态需水量的关键。

目前相关研究中水文参数已发展超过了170个,包括水文条件的直接作用,例如维持基本生境条件、通过年内变化保持种群结构、极端流量条件对水生生命过程的影响等;也包括水文条件的间接作用,例如改变生物栖息地的水温、溶解氧、水化学特性、泥沙特性、水质特性等。对水文因子的探讨大致可划分为两类:一类是表征流动条件的平均流速、流量状况的水文参数,如月平均流量等;另一类是定量的水流情势的波动和变化对生态学表现的影响,如高低流量过程的流量大小、出现频率、持续时间、水流的季节性特征和水文周期模式、基流、平均年径流指数、水位涨落速度等。

基于上述水文指标,河流生态学家围绕河流水文数据和生态群落开展了相关性研究。这些研究以统计学方法为主,旨在揭示流量要素-生态响应之间的相关关系。例如,Richter等基于IHA指标提出河流生态流量管理目标的计算方法,基本理念是使这些水文指标的改变度与天然径流模式相比最小化,通过水文统计学中的频率定义及其方法,分析并评价水利工程改变后的河流水文情势的变化。此外还有模糊评价法、数据挖掘法、主成分分析法、生态栖息地矩阵法等。一般来说,此类研究更多的是从统计学角度出发,因此无法反映这些关系的内在关系和物理、生态机制,但能够促使管理者在当前条件下的河流管理实践中,推进保护河流的生态流量模式,具有一定的积极意义。

7.2.2.6　基于鱼类习性的生态流量研究方法

鱼类作为水生态系统的顶级消费群落,可通过其捕食的下行效应影响整个淡水生态系统。其群落结构的动态变化是反映水体生物群落与水质状况整体变化信息的重要指标。基于鱼类习性的生态流量研究始于20世纪40年代,美国开始对鱼类生长繁殖等生命活动与流量之间的关系进行研究,首先提出河流最小环境流量的概念。20世纪50

年代,学者提出了基于鲑鱼适宜水深和流速的河道内流量概念。河道内流量增加法将自然栖息地属性和特定鱼类栖息地偏好结合起来,使得生态流量的分配趋于客观。Arthington 等基于生态学家和水文学家的经验,在对鱼类生活习性深入调研的基础上提出了 DRIFT 法。陈敏建等从河流生态系统的特征出发,提出了以鱼类生境法和鱼类生物量计算河流适宜生态流量的途径;Wang 通过建立水文指标与生态指标的量化关系,提出了基于水文-生态响应关系的河流生态需水定值方法;King 等通过分析澳大利亚 Muray 河环境变量与产卵强度之间的关系,探究了适用于多物种的非生物手段刺激鱼类产卵的生态流量计算方法;Gwinn 等基于鱼类种群特性,制定了澳大利亚相关河流生态流量计算方法。

7.2.3 河流生态流量管理实践

最早的河流生态管理实践的出发点,在于从地理层面上保持河流上下游的纵向连通性,以维持物种的繁衍生存周期,保持河流底泥和营养物的传输链。后来随着水库大坝的不断修建,河流管理者们把关注点放在如何对水库进行综合调度上,以实现社会经济和生态系统的平衡发展。尤其是近些年来,计算机技术水平和计算效率不断提升,以此为基础的系统性分析计算成为探索维持河道生态栖息地及水生生命历程完整性的调度方式的有利工具;同时,河流生态流量内涵得到不断扩展,生态效益作为与人类社会同等地位的目标出现在河流管理概念当中。当前生态调度概念中包含的潜在问题是:如何调度管理短期流量,使得洪水、干旱、流量变化率等因素能够达到维持河流生态健康的需求,并平衡与人类社会用水需求的关系,达到系统多目标利益的最大化。

随着河流生态流量理论的不断发展,生态调度实践对调度目标的要求更加系统全面,调度决策过程更加复杂,一般采用优化模型建模求解,并具有多层次、多目标、半结构性、不确定性等特征。Jager 和 Smith 总结分析了关于生态优化调度中构建生态目标常见的三种手段:①使用历史数据比例估算维持或恢复鱼类的栖息地的流量需求;②模仿河流自然流量模式，以自然流量变化改变度最小为生态目标纳入水库优化调度目标之中；③直接使用生态系统种群数量、多样性等生态数值指标作为优化调度目标，在生态群落数据的基础上直接或间接地确定一个合适的流量模式。

对于优化模型的结构，生态调度模型可分为三类：①约束型优化模型；②目标型优化模型；③效益型优化模型。其中，约束型优化模型应用最为广泛，具体原因是水库的实际运行中水库系统调度问题往往包含不可避免的互相冲突的目标（如灌溉、防洪、发电、环境保护等），较为简便的途径是将多目标问题转化为单目标问题，然后采用约束型优化模型来求解。约束型优化方法中约束条件的考量包括最小和适宜等单一流量模式，也包括考虑水文水力学要素的复杂组合模式；包括考虑生态基本需求，也包括考虑物种的关键生命历程和栖息地要求。例如，Chen 等在原先以发电量最大为目标的优化模型的基础上，加入以维持栖息地环境和鱼类生存的生态需水日流量过程曲线作为约束条件，采用遗传算法进行求解，并对不同来水年份下的发电－生态目标进行权衡分析；Suen 和 Eheart 采用中度干扰假说原理，将生态流量因子采用加权平均方法生成生态流量目标，使用 NSGA－Ⅱ法优化得到生态－人类社会多目标问题的帕累托前沿解集，并进行各目标间的权衡关系分析。

对于生态调度的求解方法，智能算法的应用是该阶段生态调度研究的典型特征。结合人工智能的多目标优化方法近年来在生态调度中得到大规模应用，通过优化水库调度规则及参数，实现生态－社会多目标最优化配置。人工智能的应用推进了多目标问题的优化算法求解的效率，通过寻找大量多组的非劣解集而扩大搜寻范围与路径，从而更易得到帕累托最优解集。表现尤为明显的是遗传算法，这种从群体到群体的智能化搜索模式，解决了多目标优化的计算问题，如 NSGA－II、MMGA。

此外，由于生态优化调度问题往往表现出多层次、多目标、多变量、非线性特性，使用水库调度规则可以有效提升优化算法的效率和结果，同时调度规则在生态流量管理实践中更具有可操作性和灵活性，因而结合规则的优化调度近年来在生态调度研究中得到广泛应用。一般方法是通过预设规则产生下泄流量，通过对生态流量及社会需水目标的计算逐代进化，寻找最优的调度规则参数及方式。Yin 等将水库调度曲线与最小放水原则相结合，并用遗传算法的方法来优化参数，使得流态改变最小。Yin 等又针对平水年、丰水年、枯水年，将 AGA 方法和水库调度曲线相结合，提出得到最优的水库调度方案的方法。Zhou 和 Guo 结合水库调度规则对丹江口水库进行优化调度，优化结果很大程度上减小了水库对下游造成的不利影响。除优化模型外，适应性管理策略是目前另外一种新兴的河流生态管理方法。主要原理是首先对河流的生态流量进行预估，然后监测生态系统响应，如果没有满足生态管理目标，则进一步调整改进生态流量的设置。

7.2.4 生态流量研究前沿及发展趋势

2010 年以来，河流生态流量的研究受到研究者和管理者的普遍关注。研究者的关注点从单一生态流量指标转变为综合生态流量过程再转向生态流量调度，同时生态管理的目标与内涵随之扩展，从“维持河道内群落基本生存”的单一目标转变为流域“社会 - 生态耦合系统”的可持续发展。

随着河流生态流量研究的蓬勃发展，研究者的关注点拓展到全面量化研究与生态系统整体息息相关的多个方面，提出包含水质、水力学、地形地貌、河床形态等在内的多因素 - 生态耦合模型，作为河流生态健康的有效评价工具，并应用在实际的生态管理调度中。相比起传统河流生态流量研究，目前的研究模型面向范围更广，更加关注生态系统整体性、模型机制性及生态调度实践中的可应用性。

在全球环境变化和人类社会需求日益增长的大环境下，气候条件变化和人类活动对河流生态影响日益显著，生态流量问题也面临新的挑战，传统的生态流量理论，由于受到生态 - 社会静态性假定（将生态 - 社会系统作为非动态系统）和水文稳态性假定（认为水文序列的分布特征是恒定不变的）的制约，将越来越无法适应未来变化且不确定性的环境。Shenton 总结指出了传统生态流量计算方法失效的四个因素：

①将栖息地的适应度作为种群适应度;②使用历史流量(包括短期历史流量)代替未来流量条件;③无法应对气候变化条件下的极端情形;④以稳态性假定条件来代替系统动态性。因此,河流管理及水库调度者需要给出在变化条件下适应性更强的管理框架,这也是未来生态管理学科的重点发展方向。

7.2.4.1　气候变化影响

过去对于生态流量的研究,无论是维持河道的最小流量,还是保持河流的自然流态,包括水文、水力学条件与生态之间的关系,大多围绕河流的历史水文数据和生态调查进行,共同的基本假定是水文序列的稳态性。但目前全球环境正处于气候变化条件下,水文条件的稳定性被打破,同时气候及水文条件未知的趋势性变化会给生态系统带来不可预估的影响,例如降雨、气温等环境条件变化导致的非本地物种入侵等。这种变化条件的出现常导致以往研究在实际生态管理中应用的失效。

环境条件的变化要求更长时间尺度的研究,重新审视水文变异性与河流生态系统之间的相关关系,探讨生态系统对环境变化的敏感性及脆弱性。例如,除年内水文变化,高低脉冲流量对生态的影响等,年际间乃至更长时间尺度的水文周期,也是影响生物链上更高级别生物生存的重要因素。原有的生态流量需求,需要在此基础上重新认识和评估。在生态调度和管理方面,面对未来不确定性及风险性等各种变化因素,需要建立适应性更强的调度策略及框架,以适应气候变化条件。

7.2.4.2　生态管理的空间异质性

尽管过去的几十年中,有大量关于河流生态流量管理成果出现,但大多数成果都围绕一个点或一个河流或地区展开,鲜有固定的生态调度规则或管理成果可适用于所有河流。实际上由于河流生态流量的定义和管理内涵复杂,不同流域气候条件、水文条件、地形条件不同,不同流域侧重生态影响因子不同,甚至同一河流汛期和非汛期生态流量也不同,导致生态流量研究存在较大差别,河流生态流量无法用统一的标准衡量,也无法设置统一的生态调度规则。

Arthington 等曾提出一种流量模式分类方法，根据不同的流量大小分组，将各组进行流量排频，找到各组对应的流量特征，归纳总结了每个生态指数和每组的流量特征变量的关系。这种新的尝试弱化了对河流生态-水文响应关系的探讨，提出了一种简单易行的分类式河流生态流量确定方法，为无生态资料地区的河流提供了一定的参考，但若向其他流域推广应用，仍缺乏机制性研究支撑。

目前，水文、气象等相关学科的发展将生态流量相关研究从单点的研究推向了流域尺度甚至全球尺度，水文-生态之间的相关性从点到面表现有极强的空间异质性，面向流域乃至全球的生态流量管理方法需要更大空间尺度下的生态-水文相关性的机制研究。

7.2.4.3　生态环境与人类社会的交互影响

为维持河流生态完整性和功能性，生态流量理论的发展提供了人类活动干预下，下泄生态流量模式的基本依据。目前对下泄生态流量的管理，总体来说基于两大类思路：①为保持生态系统完整性而限制自然流量的变化程度；②为某几类物种或某种生态功能而设计关键下泄流量模式。以上两种方法在自然河流或半自然河流的状态下可以取得良好的效果。然而随着人类引水取水、发电灌溉、防洪航运等需求的日益增长，人类活动对河流的干扰程度日渐强烈，如何维持水资源开发利用程度较高河流的生态功能和生态效益，是未来亟待解决的问题。

河流生态系统作为一个动态系统，也受到环境因素的制约和改变；除气候变化外，还有人类活动的长期作用和影响，如修建水库、取水用水、改变流域土地利用等。目前的研究中，常见基于物理过程的水文-生态-水力学-水质相关关系的探讨，却鲜有对水文-生态-人类活动相互作用及机制研究及探讨。未来社会发展，人类活动对河流系统的改变将会成为新常态，生态-社会的相互作用不仅仅存在静态竞争关系，还有长期的动态的交互影响。因此，研究人类不同类型活动对河流生态的影响机制及减缓措施，确定人类-自然的协同机制与关键阈值，提出耦合社会-生态的综合管理模式，是未来研究的新方向。

7.2.4.4　水文预报在河流生态管理中的应用

尽管基于生态流量研究的生态流量管理已经受到了研究者的广泛

关注,但目前生态调度模型依然处于初期发展阶段。以历史流量或使用综合径流来代替未来流量的方法,会带来生态调度模型的低效甚至失效。

随着水文预报技术准确性的不断提高,如何在河流生态管理模型中将不同时间尺度下未来的流量信息应用在调度模型中,并形成实时的、操作性强的水库调度方法,是未来生态调度的重点发展方向之一。

7.3　河流生态健康评价及生态后评估

7.3.1　河流生态健康评价

河流生态健康评价方法的研究进程可以分为4个代表性阶段,分别是:①河流水质指标评价阶段;②河流生物指标评价阶段;③河流生物栖息地质量评价阶段;④河流整体生物指标评价阶段。

首先,由于早期河流生态问题仅仅关注水质污染所造成的环境影响,早期河流生态评价主要以水质的物理化学指标来评价河流的健康情况,该评价方法已有数十年的历史,是目前较为成熟的技术方法之一。随后,美国俄亥俄州环保署考虑加入生物指标来评价河流的健康情况,目前常见的评估方法如生物整合性指标(IBI)、科级生物性指标(FBI)、丰富度指标评价法、EPT丰富度指标、百分比模式相似性(PMA)以及快速生物评估方法(RBP)。1972年,美国俄亥俄州环保署又根据生物评价方法,制定了定性栖息地评价指数;美国国家生态研究中心于1976年发展了物理栖息地模拟系统,河流生态系统中水质、水文等物理化学指标影响生态系统中生物群体的同时,生物也影响各种栖息地环境因子的发展。

因此,将河流评价范围扩展至整个河流生态系统,如1999年澳大利亚自然资源与环境部发展的河流状况指标(ISC)。澳大利亚河流评价体系来源于澳大利亚河流健康计划,其评价过程是采用河流中的水生昆虫作为评价河流生态状况的目标物种。首先,需要确定所受人为干扰最小的地区为参考点,并收集参考点的生物、物理及化学指标参数,再利用聚类分析,将生物划分为若干个相似的生物区系,并由每一个生物区系所对应的物理、化学资料,找出最佳的环境因子作为 AUSRIVAS 预测模型的依据;其次,将参考点建立标准作为待测河流的对照组,作为评价其生态系统健康程度的依据。待测河流也需要收集生物、物理及化学数据,其中物理、化学数据为 AUSRIVAS 模式中依据参考点建立的预测因子,各生物数据类别分别对应不同的物理化学环境,所以是以生物区系为基础的方法,接着计算待测河流中由每一分类群体的发生概率,最后比较参考点与待测河流的发生概率作为评价指标,其特点是采用水生昆虫作为评价目标,水生昆虫常被用来作为监测水质变化的标准生物,它们可以快速地反映水质的变化,可以作为连续监测水质的指标。

7.3.2 河流生态修复后评估

河流生态修复后评估是检验河流生态修复实施效果的重要手段,且通过后期监测和评价还能够总结项目方案,改进今后的工作思路。

有关河流生态修复后评估准则方面,国外较早且有代表性的是 Kondolf 提出的测量河流生态修复成功的 5 个要素:明确的目标、完备的基础数据、优良的方案设计、服务于长期、愿意承担风险。Shields 和 Knight 以密西西比西北部的 Hotophia 河生态修复工程为例,对其生态修复后的河道生态进行了长期监测,获取了生态修复前后河道内几个生态指标的变化情况,掌握了生态修复对河道生态的影响。

Jansson 等针对 Palmer 等提出的 5 条评估河流生态修复成功的准则,提出第 6 条准则,这将为人们加深对河流生态修复成功机制的理解提供更强有力的引导性框架,并将其应用于具体的河流生态修复案例;Woolsey 等提出了评估河流生态修复成功的导则,它包括 49 个总指标和 13 个主要针对中小河流的指标,大多数目标与河流生态属性有关,但也考虑了社会经济方面,并提出了一系列的指标测量方法。修复的成功与否通过对比修复措施实施前后指标值的变化来确定,Alexander 和 Allan 从密歇根、威斯康星州和俄亥俄州 1 345 个河流生态修复项目中选择了 39 个作为调查的对象进行后评估;Klein 等采用了场地监测和水动力模型,以定量化17个物理和生物指标在修复工程实施前后的变化,评估了自然河道设计在河流生态系统恢复中的有效性;Goetz等以Provo河生态修复为例,根据河流生态修复的目标,包括河道的水文、平面形态、横断面、纵向形态、河床质分布等,分别进行了后评估;Buchanan等对纽约中部2005年秋天完成的河流生态修复项目进行了评估。

7.4 城市河流生态信息化管理

随着国内外对水环境管理的重视,一些专门为河流水环境管理而设计的管理系统、监控系统等纷纷被开发和应用,在提高水环境管理的科学性、高效性和准确性中发挥了重要的作用。一般将这些专门以水环境为研究对象在计算机软硬件的支持下形成的环境信息系统称为水环境管理信息系统(水环境管理信息系统是以数据库技术和计算机技术为核心,实现水环境信息的管理、维护与应用)。河流水环境管理信息系统属于水环境管理信息系统的一个子系统或一个组成部分,是实现河流水环境管理信息化、网络化和科学化的重要窗口。随着数据库技术和计算机技术的不断发展,管理信息系统在河流水环境管理领域中不断发展,逐步深入细化,形成了丰富的内涵,在河流水质动态监测、水体环境质量评价、河流管理、规划决策等方面建立了高效、动态的信息化处理手段。

7.4.1 国外河流生态信息管理

国际上在河流信息化管理方面起步较早,特别是将地理信息系统技术与水环境管理信息系统的融合,其中具有代表性的国家有美国、英国、加拿大、日本、瑞典等。早在1964年,美国就开发了国际上最早的一个水质管理信息系统——水质存储数据库许可性评估和网络示踪系统(STORET-COGENT系统),其中STORET系统是作为美国国内相互连接水系有关水质数据的存储和检索。1969年,随着美国环保局特别是美国环境系统研究所的成立,在系统基础上又进行了开发,系统是评价和模拟城市污水对受纳水体用途的影响以及治理要求。随后,加拿大的万能水质系统问世。同一时期,在借鉴了美国和加拿大的水质管理信息系统的基础上,英国开发出了水质档案系统。到 20 世纪 70 年代末,发达国家在河流水质管理方面,几乎都建成了相应的信息系统。河流水环境管理信息系统的建立目的是为河流管理者提供决策支撑,为此许多研究者对河流环境决策支撑系统开展了研究,美国 PUIDUE 大学 1977 年首次研制了河流规划决策支撑系统之后,相关的信息系统相继问世,如河道事故情况下的决策分析系统。随着计算机技术、数据库技术的飞速发展,如今的水环境管理系统已实现专业化、网络化和全球化的发展,已成为“数字化地球”的重要组成部分。

7.4.2　国内河流生态信息管理

从我国环境管理的信息化来看,河流管理信息系统的发展也有近 40 多年的历程。早在 20 世纪 80 年代初,傅国伟和程振华等提出设计我国国家水质管理信息系统,其中河流水质管理信息系统作为重要的开发部分,重点设计了城市河流水质管理信息流结构、水质评价、水质模拟等程序,并研制了相应的计算机软件。随着计算机可视化技术、数据库技术等的发展,特别是将河流环境管理信息系统与技术、遥感技术不断融合,河流环境管理信息系统取得了新的发展,河流水环境信息化管理水平不断提升,逐步实现河流水环境全方位管理的信息系统。

河流水质动态监测系统快速发展。水质监测管理系统是“数字流域”工程建设的关键内容。近十多年来,随着“数字黄河”“数字长江”等工程的不断推进,我国河流水质自动监测系统、河流断面水质在线监测系统等的相继研发,水质在线动态监测的覆盖率逐步扩大,国内一些河流相继建立了水环境管理信息系统,如汉江、汾河、乌鲁木齐河等。截至目前,以流域水质监测动态数据信息系统为中枢,以城市河流水质动态监测系统为骨干,以城镇中小河流水质动态监测系统为基础这样一个多级全国河流水质信息网络系统已初具规模。

河流水环境管理决策支持系统日益丰富。环境管理决策支持系统(EDSS)是用于环境管理方面的决策支持系统,早在 1992 年,华南环境科学研究院就提交了 EDSS1.0 给用户使用，之后，各省市、区域都开发了水环境管理决策支持系统，如陕西省的水环境功能区管理信息系统实现了对水环境功能区划空间信息、属性信息的综合管理及资源共享；阮仕平等以 GIS 软件为工具和平台开发了铜川新区水环境管理决策支持系统，为河流水环境管理提供了决策支持；胡平研制了广东省江门市潭江水环境管理决策支持系统；胡晓东研究和开发了南京内秦淮河水系调水模拟集成系统。

近几年，随着河流污染治理的大力推进，有关全国河流治理项目的管理信息系统开发方面也取得了一些进展；2012 年 4 月，相关部门开发了全国中小河流治理项目信息管理系统，对及时、准确地掌握全国中小河流治理进展情况提供了一个良好的平台，也为河流水环境管理信息系统拓展了新的领域。

7.5　城市与河流关系调控

现代社会人类面临的水质恶化、河流污染、水资源短缺等环境问题愈来愈多，越发意识到河流及其生态系统健康的重要性，对河流健康与人类发展关系的思考也越发深刻、理性和全面。面对这些生态环境问题，人类社会不断地反思人与自然、人与河流的正确关系。

7.5.1　树立人河和谐共处价值观

保护河流的健康状态，就要实现城市与河流的和谐相处，从根本上讲就是人类与河流的和谐共存。20 世纪以来，人类从许多河流灾难中得到很多教训，从思想上要以尊重的态度面对河流、面对自然，这是人类意识形态的进步，也是未来城市发展与人类社会进步的基础和指导方向。

在人与河流和谐相处层面上，人类必须树立可持续发展和文明发展的理念。绝不能为了眼前的经济利益，而以损害河流健康和自身发展潜力为代价，倡导人与河流和睦相处，城市与河流共同发展。必须树立尊重、善待和保护河流的理念，要有历史责任感，为人类的未来担负起现在的责任。只有在全社会树立起人与河流和谐相处的价值观,并且将这一理念贯穿于一切涉水事务的全过程,成为人们处理人与河流关系的基本要求,才能逐步走向人与河流和谐相处的生态文明时代。

7.5.2 水资源的优化配置

实现水资源可持续利用。水资源可持续利用的核心是水资源的优化配置,使水资源发挥最大的社会效益、经济效益和生态效益。为实现这一目标,城市必须建立水总量限制和定额管理的水权分配机制,严格控制生活、工业污水的不达标排放;对于健康状况较差的河流要实行优先保护的政策。

7.5.3 河流生态的适度干预

恢复河流自然生命力。通过适度人工干预,促进河流生态系统恢复到较为自然的状态,在这种状态下河流生态系统具有可持续性。人类必须正确看待洪水现象,洪水作为河流的组成部分,为地球生态系统的多样性和人类生存的水资源做出许多贡献,也可以视为一种自然资源。人类应该从控制洪水向管理洪水转变,从而使单纯的防洪减灾向利用洪水资源并重转变。以河流整治和城市建设相结合的河流生态修复,既可以满足社会经济需要,又兼顾了河流健康和可持续发展的需求。

7.5.4 科学管理与开发利用

河流健康出现问题与对河流开发的不合理、不科学有极大的关系。科学的论证对每条河流的开发细节,可以缓解对河流生态系统的环境压力,也会产生长期稳定的生态效益、社会效益和经济效益。加强城市流域水资源管理,正确处理流域管理与区域管理的关系,明确划分流域管理和区域管理的事权,实行政府宏观调控、流域民主协商、市场运作和用水户参与管理的运行模式。

7.5.5 加快城市河流污染治理

随着全球工业化和城市化的迅猛发展,城市河流污染日益严重,污染事件频频发生,城市河流污染问题成为世界普遍问题。近年来,随着中国经济的腾飞,城市化步伐不断加快,城市排污量不断增加,再加上城市河流自身环境容量小等原因,许多城市河流已受到严重污染,黑臭问题严重。同时,城市河流作为城市各类污染物的首要受纳体,其污染河水及底泥是下游水体(干流水系、湖泊、近海水域及地下水等)的重要污染源。城市河流污染带来的水环境问题不仅成为制约中国经济发展的重要问题,更为严重的是危害到城市居民健康和城市生态安全。因此,防治城市河流污染,改善城市水环境质量,对保障城市人居健康、促进社会和谐与经济持续发展具有极其重要的现实意义。

7.5.5.1 加大治理技术体系研发

城市河流污染问题引起了国内外的高度重视,西方很早就开展了对严重污染的河流进行治理并取得了一定的成效,如伦敦泰晤士河、柏林莱茵河、首尔汉江都恢复了昔日的"清澈"。在借鉴国外水污染治理经验的基础上,我国在城市河流污染治理技术研发与应用方面开展了大量的工作。目前,我国城市污染河流治理技术种类众多,各种技术应用广泛,取得了许多实际治理效果。然而,就整体而言,城市污染河流的治理缺乏统一的、较为完善的技术比选依据和原则,很多技术应用盲目跟风,较少考虑适用的地域性、季节性等因素的影响。针对不同污染程度的城市河流治理,现阶段所采用的治理技术多注重某一段河道在某一时期内的治理措施,缺乏全面的技术梳理和总结,缺少对这些治理技术的总结性研究,缺乏适用的技术指南。诸多专家和学者在开展研究调查时都意识到:系统梳理国内外城市河流污染治理的成熟技术与实践,形成适合我国城市河流污染治理需求的共性技术体系,是提高污染河流治理效率,推广治理技术的重要途径。

7.5.5.2 开展污染治理绩效评估

绩效评估是指运用一定的评价方法、量化指标及评价标准,对评估对象为实现其职能所确定的绩效目标的实现程度,以及为实现这一目标所安排预算的执行结果进行的综合性评价。绩效评估是西方发达国家在政府部分职能和公共服务输出市场化以后所采取的政府治理方式,也是公众参与管理的重要途径与方法。近年来,由于国家拉动内需战略的需要,公共工程项目投资金额一般都很大,涉及面广,对社会影响广泛,为保证工程质量,对公共工程的绩效进行评判是十分必要的。在我国工程建设领域,投资决策失误问题大量存在,损失惊人。这些投资决策失误主要体现在工程建设没有达到最初的预期效果,许多花巨资开展的工程项目不仅不能为地方人民创造经济效益,反而成为各级财政上的沉重包袱。

随着我国水污染治理与水环境保护工程的管理和投入力度的逐年加大,长三角、珠三角等社会经济发达地区的城市水污染治理工程正处于快速发展时期,特别是"十五""十一五"以及"十二五"期间,国家水体污染控制与治理科技重大专项在上海、广州、南京、武汉、苏州等几十座城市分别开展了水污染控制与治理工程示范,一些城市河道的水环境综合整治初见成效。我国城市河道水污染治理工程均侧重污染源的前期管理(环评、"三同时"验收)和后期监督执法(达标排放),对于污染治理技术的选择缺乏必要和充分的指导,同样在水体污染治理和生态修复技术方面,由于缺乏相应的技术评估体系,很少涉及针对技术的实际运行效果的跟踪评估,缺乏将这些运行效果与相关河流污染治理技术、运行设施及其运行效果进行比较研究,无法做到对相关技术的选择进行指导,加上工程设计单位技术能力良莠不齐,使得对污染控制技术的选择随意性大,造成污染控制效果达不到预期要求;特别是这些工程的实施却很少开展相关的绩效评估,浪费了大量的人力、物力和财力。因此,建立城市河流污染治理技术评估体系,加强工程实施的绩效评估,对实现河道污染治理的过程目标控制尤为重要。

7.5.5.3 加快污染治理信息化建设

世界各国非常重视技术服务信息平台建设,并对共性技术给予了有力的政策支持,特别是在美国、欧盟、日本、韩国等国家,产业共性技术创新信息平台的建设给国家带来了很强的经济效益和巨大的社会效益。我国自"十五"以来,随着信息产业的不断发展,科技创新共性技术服务平台建设得到国家的有力支撑,共性技术信息化平台建设已成为我国可持续发展的重要战略举措。作为国家重大科技项目“水污染控制与治理工程”的推进必然要与国家的战略方针相符。因此,推进城市河流污染治理共性技术信息化工作,建设河流污染治理共性技术服务信息平台是今后水污染治理技术发展成熟的标志,是水污染治理关键技术创新的基础,将会在优化资源配置、提高技术创新和技术研发水平等方面发挥重要作用。

当前,环境管理信息系统在环境管理、城市规划、环境保护等方面得到广泛应用,它的发展是随着计算机技术、数据库技术、管理信息系统和办公自动化的发展而发展起来的。因此,在构建城市河流污染治理共性技术体系和河流污染治理工程绩效评估体系的基础上,将污染治理技术和计算机技术应用于城市河流污染治理领域中,开发城市河流污染治理管理信息系统,不仅可以为政府、企业或研究团队等提供各类治理共性技术的信息查询提供便捷途径,以获取共性技术的优化应用和工程绩效评估,同时对加强河流污染治理、管理和维护的信息化建设,为城市河流污染治理共性技术服务信息平台建设夯实基础,对全面推动我国城市水污染治理等具有重要意义。

总之,城市起源于河流,城市的良性发展依赖于健康的河流。城市发展与河流健康有密不可分的关系。城市河流的健康小到关乎城市人口的饮水安全,大到影响城市的经济发展,乃至城市兴衰。从古至今,人类社会都是以河流为重要依托,在改造利用河流的同时,对河流健康造成了不同程度的损害。面对城市河流水质恶化、水资源不足、河槽淤塞等河流健康的空前危机,人们终于清楚地认识到城市与河流的发展关系,其不是单向的利用,而是和谐的共进,人类与河流关系的理念已经开始转变。

7.6　城市河流生态管理发展趋势

对国内外河流生态治理现状、修复技术的分析表明,当前我国河流生态管理工作仍处于探索阶段,生态治理技术的应用构建缺乏科学性、系统性,因此当前河流生态管理的发展主要有以下几方面。

7.6.1 政策法规日益健全

国际上发达国家在经历了发展经济、破坏环境、经济发达、重建生态的曲折发展历程之后,已经将水生态系统保护和修复从基础研究、技术层次提升到国家政策和立法的高度,十分重视相关规划、规范、机制、政策等有关研究。发展中国家也在积极寻找适合各自国情的策略,以保障经济可持续发展。

7.6.2 尺度上向流域扩展

在过去的几十年中,虽然一些经济发达国家针对河流生态问题所进行的研究也涉及了比较大的时间和空间尺度,但实践则主要局限于一些小的区域和河段。实践表明,小尺度下河流生态修复措施效果对于生态系统状况改善或生物多样性提高的效果是有限的。同时,河流水生态系统易受岸上周边地区影响,包括人类活动和自然过程。因此,将流域视为一个复合生态系统,将河流生态系统和陆地生态系统的研究结合起来,在流域尺度下进行河流生态修复的研究,在理论及实践上都是十分必要的,并正在成为新的发展趋势。美国已经按照流域生态保护和修复的思路进行部分河流恢复规划,已经开展的大型河流按流域整体生态恢复工程的实例有上密西西比河、伊利诺伊河和凯斯密河。英国政府机构以及一些非政府组织联合成立了一个指导委员会,根据多目标要求,探讨流域尺度下的示范工程建设问题。

7.6.3 工程上向生态友好型转变

河流生态修复工程实践中,常常涉及对已建工程的改造甚至拆除。但并意味着不能新建水利工程,而是要建设生态友好型水利工程,这也是今后河流生态修复发展的一项重要内容。一方面重视已建大型水利工程的河流生态恢复问题,另一方面更要重视新建水利工程的生态补偿问题。目前,国际上非常重视研究水利工程的长期生态环境影响,兼顾生态环境的多目标规划、设计、调度、运行及管理成为发展趋势。我国对水利水电工程带来的生态问题给予了高度重视。汪恕诚部长在2005年厅局长会报告中强调,要深入研究水利工程对生态环境的影响,规划设计、工程建设、运行管理等各个阶段都要重视生态环境保护工作。

7.6.4 技术上向优化组合发展

河流生态治理是一项复杂的生态工程,包括水量、水质、河流形态结构及水生生物等多个方面。关于每个类型的治理技术都已较为成熟,但单一的技术很难实现整个河流系统的恢复。因此,今后的研究应从整个河流生态系统出发,根据河流的具体情况,着力于探索多种治理技术的组合设计,这样才能达到事半功倍的效果。

生态恢复的目的是改善河流生态系统的结构与功能,标志是生物群落多样性的提高,其中水生生物是河流生态治理成功与否的重要标志,水量、水质、河流形态及河岸带的修复都是为了给水生生物提供良好且可持续的生存环境。只有生物有稳定的群落结构及食物链循环,生态系统才能达到新的平衡。然而水生生物修复技术包括生物多样性、群落结构及食物链恢复的研究仍相对较少,仅在湿地、生物塘、人工浮岛、生物沉床及生态护岸修复技术的研究中提到生物的去污及配置问题。因此,水生生物修复技术,尤其是生物群落及食物链的修复技术,仍需进一步的研究。

参考文献

[1] 牛贺道. 城市生态河流规划设计[M]. 北京:中国水利水电出版社,2017.
[2] 倪广恒. 城市水环境工程[M]. 北京:清华大学出版社,2005.
[3] 王超,王沛芳. 城市水生态系统建设与管理[M]. 北京:科学出版社,2004.
[4] 尹军. 城市污水的资源再生及热能回收利用[M]. 北京:化学工业出版社,2003.
[5] 车伍,李俊奇. 城市雨水利用技术与管理[M]. 北京:中国建筑工业出版社,2006.
[6] 钱嫦萍. 中国南方城市河流污染治理共性技术集成与工程绩效评估[D]. 上海:华东师范大学,2014.
[7] 钟建红. 城市河流水环境修复与水质改善技术研究[D]. 西安:西安建筑科技大学,2007.
[8] 赵宗锐. 河道生态治理的模式与工程设计[D]. 郑州:郑州大学,2018.
[9] 陈玲玲. 鲴鲢鳙鱼联合操纵生态系统对水体富营养化的治理[D]. 苏州:苏州科技大学,2019.
[10] 陈永峰. 基于富营养化及藻类控制的黄河下游引黄平原水库生物操纵技术研究[D]. 济南:山东建筑大学,2018.
[11] 滕华国. 河道生态治理技术与案例分析[D]. 杨凌:西北农林科技大学,2014.